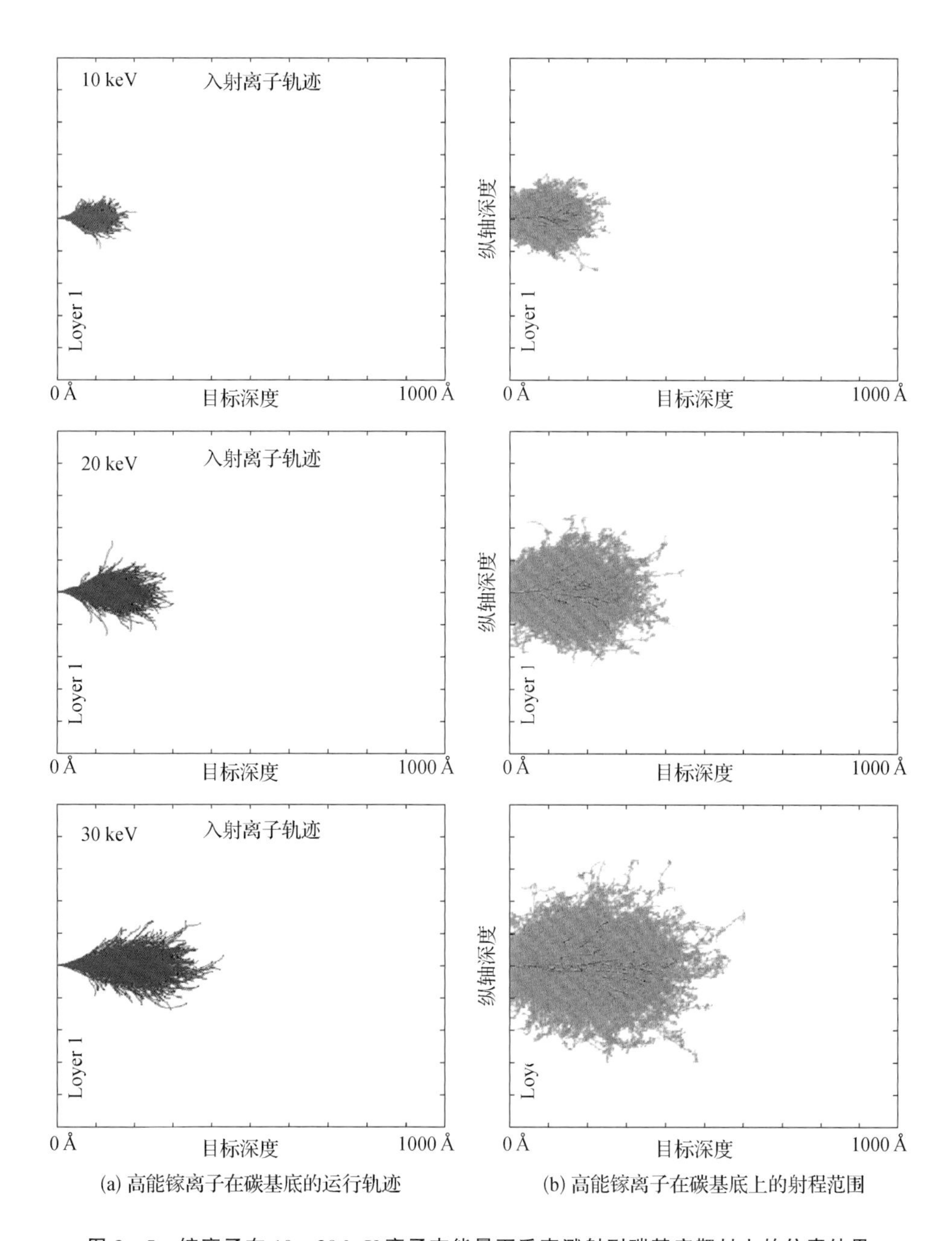

(a) 高能镓离子在碳基底的运行轨迹

(b) 高能镓离子在碳基底上的射程范围

图 3－5　镓离子在 10—30 keV 离子束能量下垂直溅射到碳基底靶材上的仿真结果

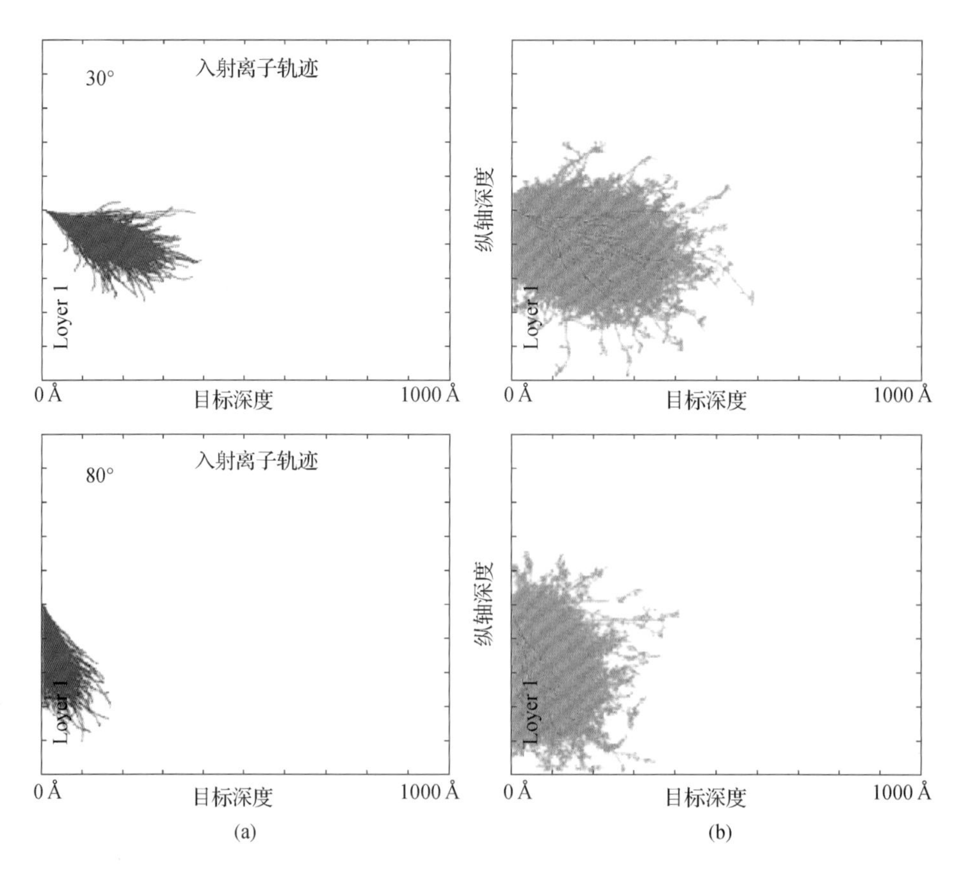

图 3-7　高能镓离子入射角度分别为 30°和 80°时注入离子和反冲原子的位置分布

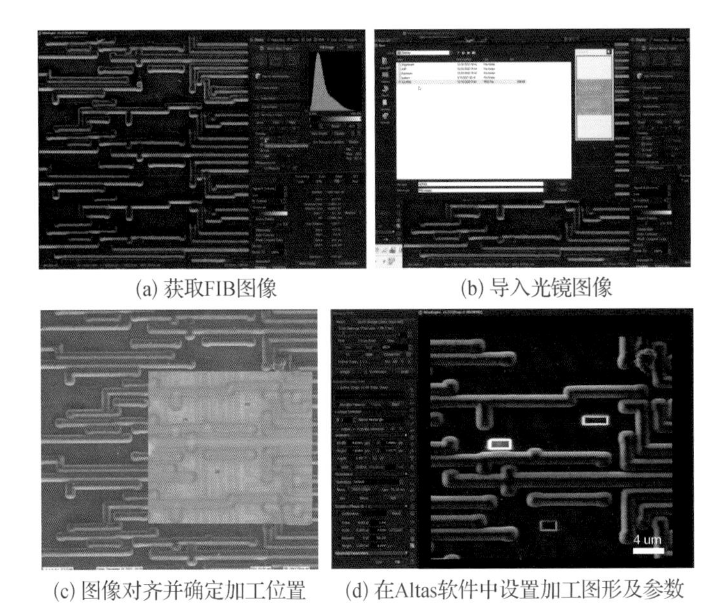

(a) 获取FIB图像　(b) 导入光镜图像

(c) 图像对齐并确定加工位置　(d) 在Altas软件中设置加工图形及参数

图 5-3　Atlas 软件中进行关联定位

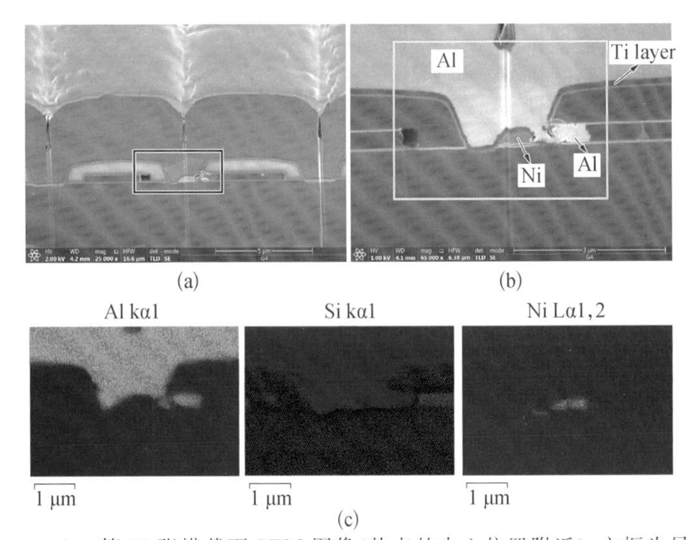

(a)　(b)

(c)

(a) 第 37 张横截面 SEM 图像(热点的中心位置附近),方框为异常处;(b) 异常处的高倍图像;(c)为(b)中方框区域的 Al、Si 和 Ni 元素的面扫描分布图

图 5-15　横截面 SEM 图像与面扫描分布图

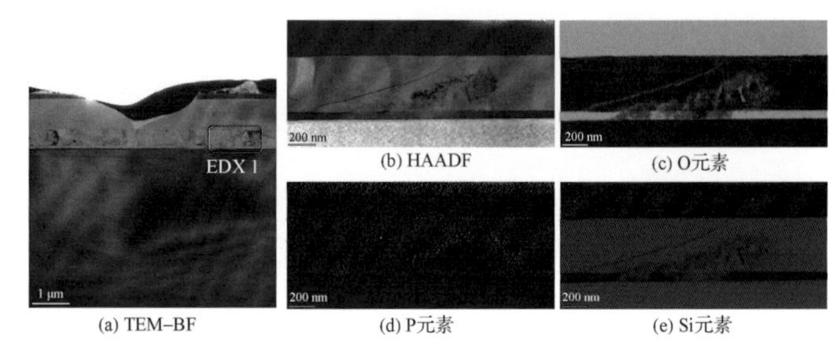

(a) 低倍 TEM－BF 图像，红色框为 EDX 面扫描分析区域；(b) 面扫描分析区域的 HAADF 图像；(c)—(e) O、P、Si 元素的面扫描分布图

图 5－25　白色颗粒的 TEM/EDX 元素分析

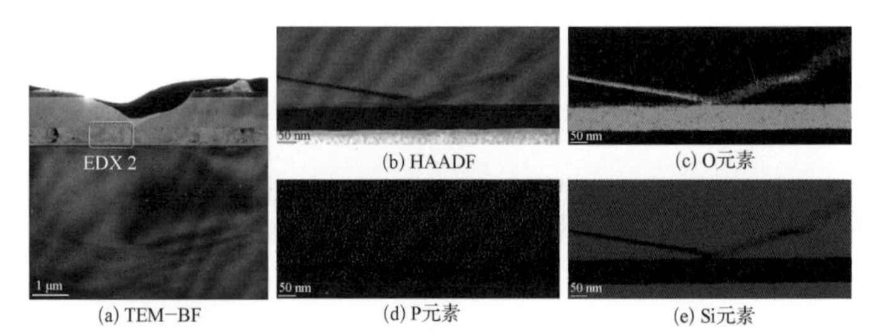

(a) 低倍 TEM－BF 图像，绿色框为 EDX 面扫描分析区域；(b) 面扫描分析区域的 HAADF 图像；(c)—(e) O、P、Si 元素的面扫描分布图

图 5－26　裂纹处的 TEM/EDX 元素分析

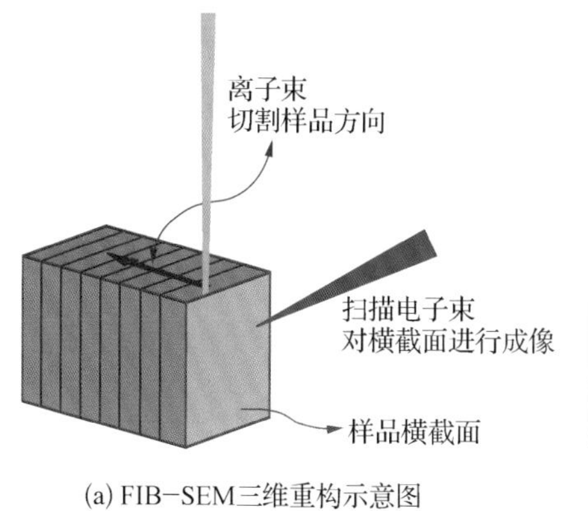

(a) FIB−SEM三维重构示意图

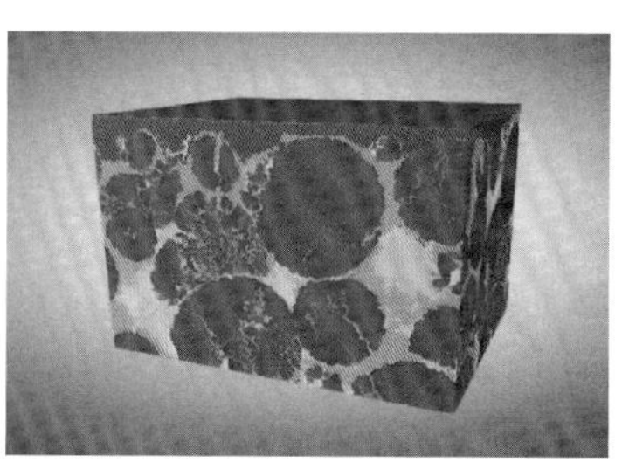

(b) 三维重构电镜图

图 6 - 3　FIB - SEM 三维重构

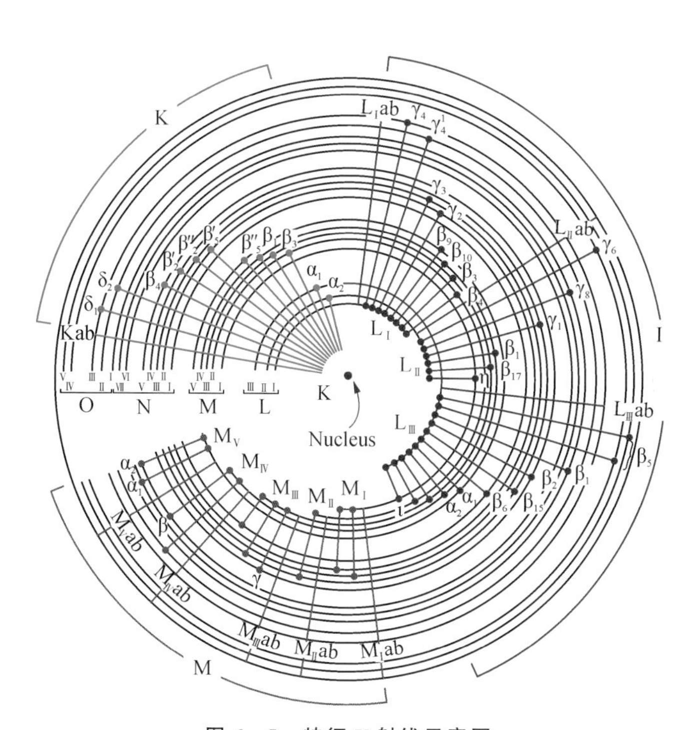

图 6 - 5　特征 X 射线示意图

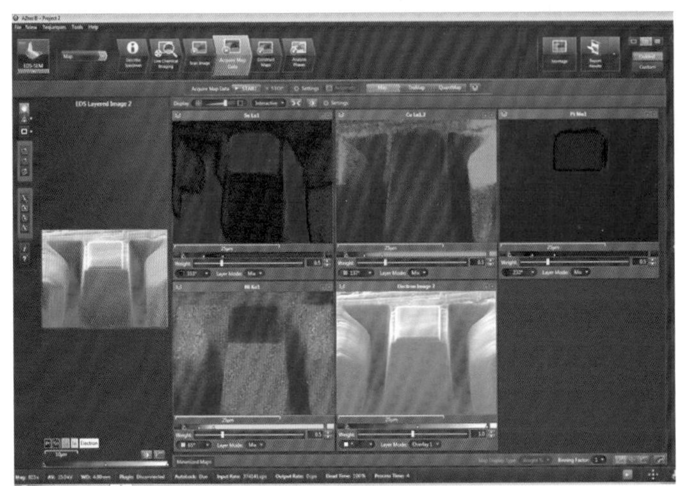

(a) 3D–EDS采集过程软件界面

(b) 氧化铟锡材料3D–EDS图

图 6 – 6　3D – EDS 的采集与重构

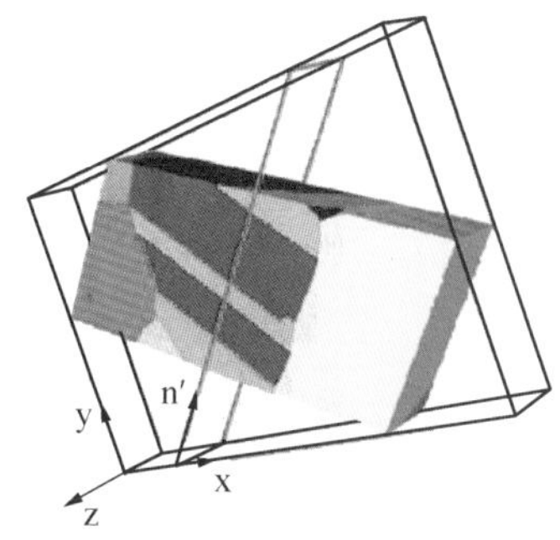

(a) 镍铬铁合金3D−EBSD图像

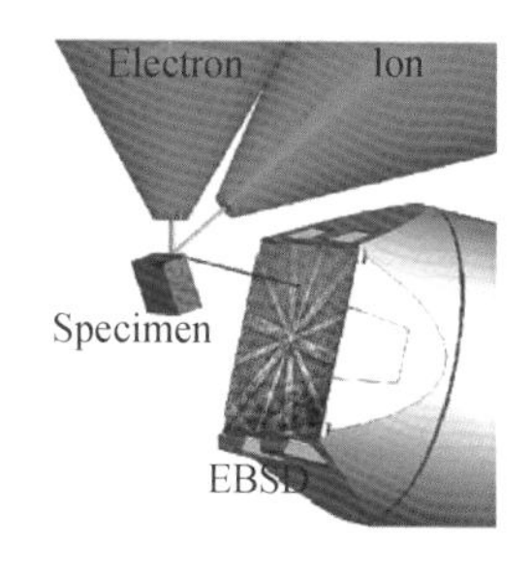

(b) FIB−SEM−EBSD联用示意图

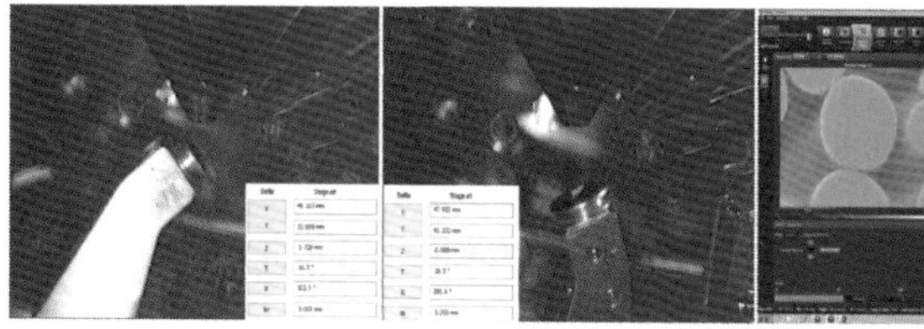

(c) 样品采集EBSD前加工的位置　(d) 样品采集EBSD时的位置　(e) EBSD采集过程中的软件界面

图 6－10　3D－EBSD 的采集与重构

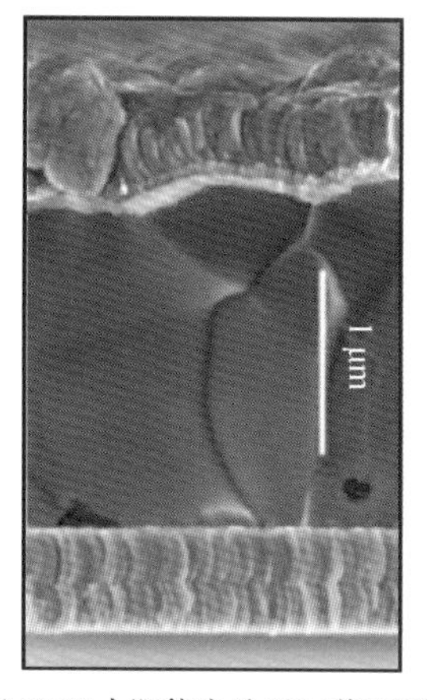

(a) CIGS太阳能电池SEM截面图

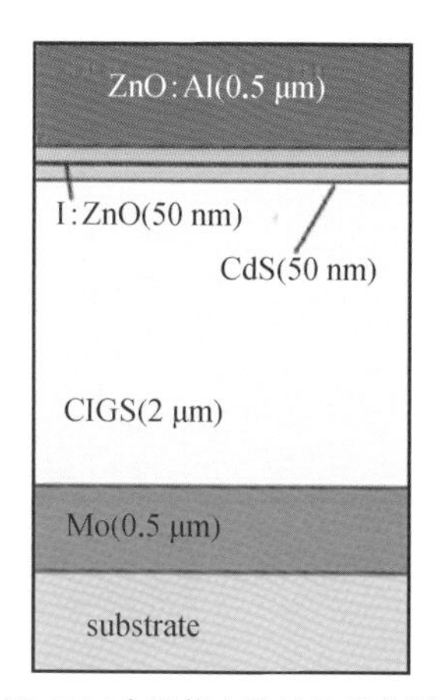

(b) CIGS太阳能电池结构示意图

图 6－21　CIGS 结构与 SEM 截面示意图

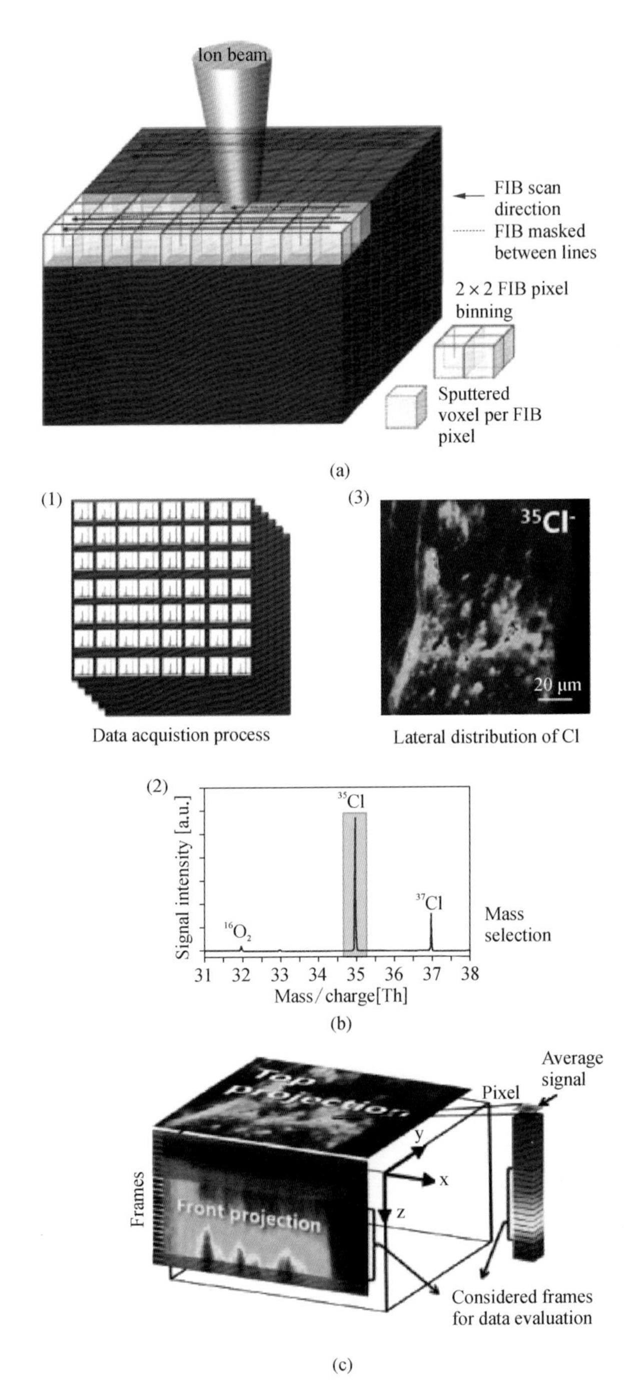

图 6-23　质谱采集过程和结果示例

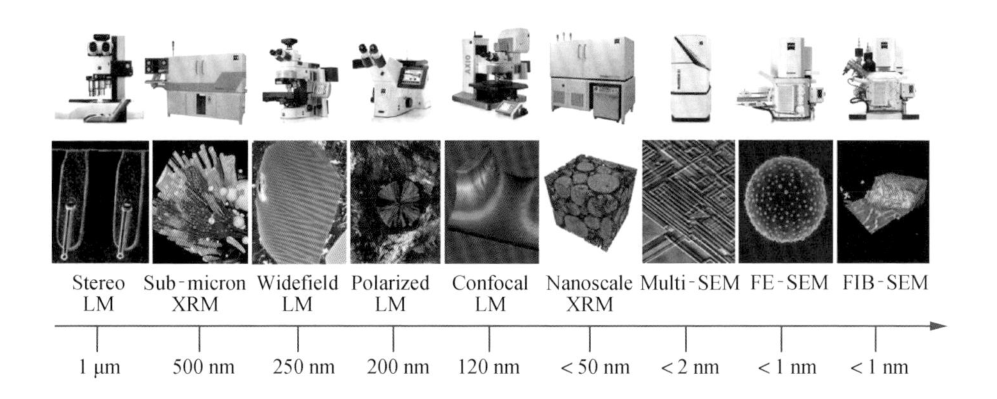

图 6-25　显微镜系列产品跨尺度联用解决方案

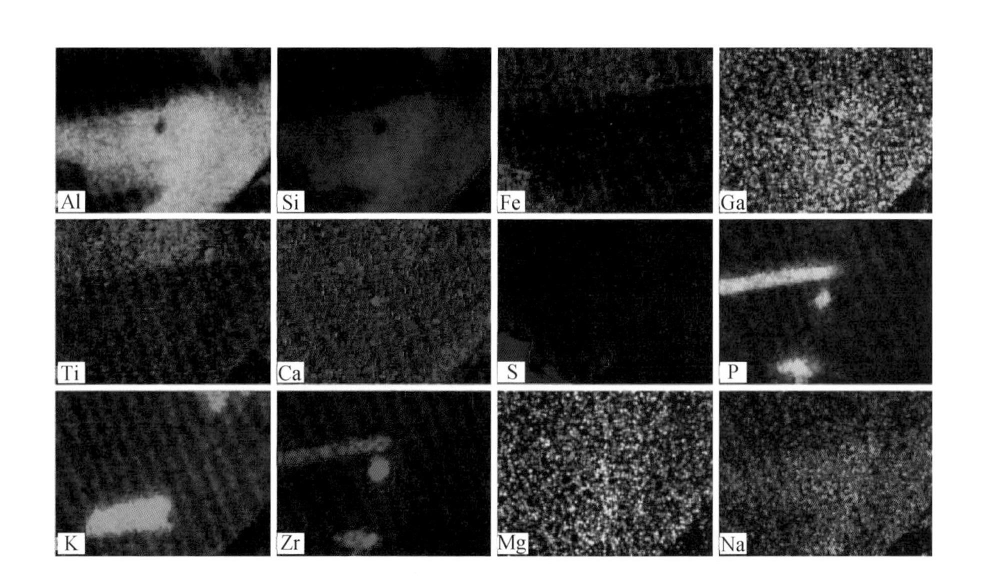

图 6-36　月壤目标 ROI 的 EDS 分析

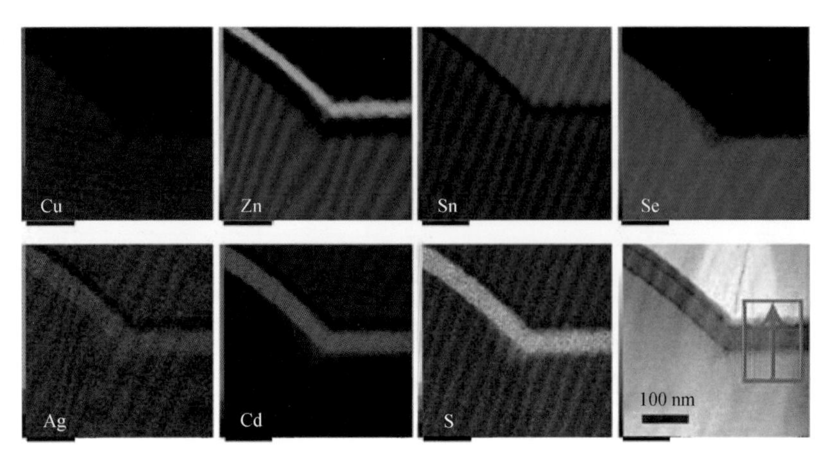

图 6－38　低温冷冻下制备铜锌锡硫薄膜样品 TEM 图像及 EDS 面扫图像

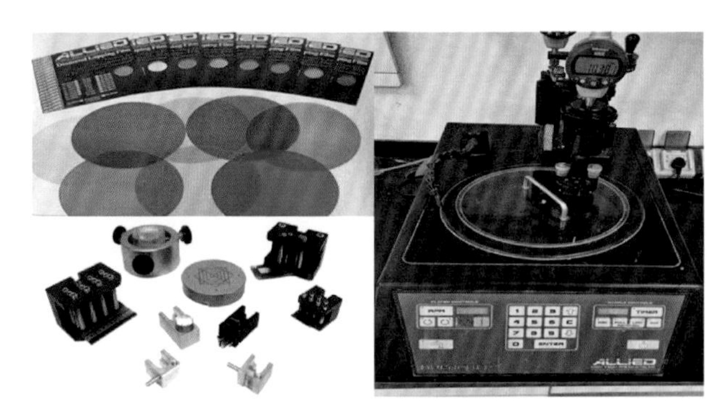

图 7－4　Allied 精密研磨抛光机

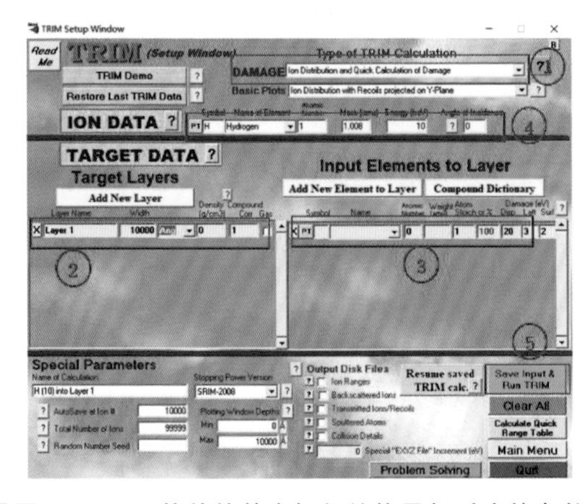

附录图 4　TRIM 软件的基本框架结构及相对应的参数设置

聚焦离子束：应用与实践

邓 昱 魏大庆 王 英 陈 振◎著

南京大学出版社

图书在版编目(CIP)数据

聚焦离子束：应用与实践 / 邓昱等著. — 南京：南京大学出版社，2023.12

ISBN 978-7-305-27409-1

Ⅰ.①聚… Ⅱ.①邓… Ⅲ.①离子束聚变装置 Ⅳ.①TL632

中国国家版本馆 CIP 数据核字(2023)第 222784 号

出版发行 南京大学出版社
社　　址 南京市汉口路 22 号　　　　邮　　编 210093

书　　名 聚焦离子束——应用与实践
JUJIAO LIZISHU——YINGYONG YU SHIJIAN
著　　者 邓　昱　魏大庆　王　英　陈　振
责任编辑 巩奚若　　　　编辑热线 025-83595840

照　　排 南京开卷文化传媒有限公司
印　　刷 南京百花彩色印刷广告制作有限责任公司
开　　本 718 mm×1000 mm　1/16　印张 12.75　字数 243 千
版　　次 2023 年 12 月第 1 版　2023 年 12 月第 1 次印刷
ISBN 978-7-305-27409-1
定　　价 68.00 元

网　　址：http://www.njupco.com
官方微博：http://weibo.com/njupco
微信服务号：njuyuexue
销售咨询热线：(025)83594756

前　言

聚焦离子束系统（Focused Ion Beam，FIB）作为重要的微纳米尺度精细加工设备，可以实现定点刻蚀加工、沉积、原位分析等功能，在物理、材料、电子、生命科学等诸多领域都有着广泛的应用，近年来，在半导体器件精密加工、生物材料冷冻三维重构等方面发展尤为迅速。此外，FIB与其他显微分析设备可灵活搭配，为相关的微纳尺度科学和工程问题提供解决办法。

FIB的工作原理是利用高电压抽出带正电的离子，通过静电透镜聚焦，形成高能离子束轰击样品表面，从而达到对样品进行微纳米精度的可选择性加工。若FIB加工条件选择不当会造成较多新问题，如引入人工缺陷会影响对分析结果的正确解读；离子束具有高能量，不可避免地会对样品表面带来损伤——一般来说离子（如Ga离子）能量越高，样品表面被破坏的深度越大，需引起注意；等等。在半导体行业，寻找影响器件性能或产品良率的原因，有效降低产品的缺陷率，是芯片失效分析的深层次目的，其中一个主要技术手段就是采用FIB进行解剖和分析。随着后摩尔时代的来临，半导体行业发展将器件制成、线宽尺寸推向极限，材料应用也更加丰富多样，相应地，FIB技术和操作模式也随之创新，在相关行业、高校院所及时地进行科技交流推广显得越发重要。基于此，本编写组编著了《聚焦离子束——应用与实践》一书。

本书力求从简要、易懂、可操作性强的角度出发，概述FIB的工作原理，清晰介绍FIB诱导沉积、溅射刻蚀过程及重要控制参数；详细说明FIB的离子注入和离子束曝光过程以及主要影响参数；从实际工作角度出发，示例说明FIB样品前后处理的过程和注意要点；详细介绍离子束在集成电路中的应用，以及联合其他显微分析设备开展微观材料、器件剖析的步骤过程。本书提供了大量鲜活案例，主要为编者及其团队的真实实验结果，凝聚了编者们技术探索的经验总结，具有较强的典型性和参考性。期望本书能够对国内FIB技术的推广和创新贡献一份力量。

本书由南京大学邓昱、哈尔滨工业大学魏大庆、上海交通大学王英、广电计量检测（无锡）有限公司陈振共同拟定大纲，并由相应团队成员集体协作完成编撰。

本书编撰工作具体分工如下：第1章，邹永纯（哈尔滨工业大学）、杜青（哈尔滨理工大学）、魏大庆（哈尔滨工业大学）执笔；第2章，刘辰[广电计量检测（上海）有限公司]执笔；第3章，杜青（哈尔滨理工大学）、邹永纯（哈尔滨工业大学）、魏大庆（哈尔滨工业大学）执笔；第4章，庞振涛（南京大学）、周雪松（南京大学）、付少杰（南京大学）、任义丰（南京大学）执笔；第5章，王英（上海交通大学）、刘辰[广电计量检测（上海）有限公司]执笔；第6章，王英（上海交通大学）、王贤浩[卡尔蔡司（上海）管理有限公司]、邱婷婷[卡尔蔡司（上海）管理有限公司]执笔；第7章，庞振涛（南京大学）、周雪松（南京大学）、任义丰（南京大学）、付少杰（南京大学）、张捷（Gatan中国区）执笔；附录一，刘辰（广电计量检测（上海）有限公司）执笔；附录二、三，武杰（南京大学）、杜青（哈尔滨理工大学）执笔。全书由邓昱、魏大庆、王英、陈振负责总纂，由刘辰、庞振涛负责统稿。

在此，对本书编写过程中相关领导给予的指导和关心表示衷心感谢，对所有编写人员和参考文献的作者以及关心本书出版的各界同仁一并致谢！由于时间仓促，本书在编写过程中难免有所疏漏，敬请读者批评指正！

本书编写组

目　录

第一章　聚焦离子束原理

1.1　聚焦离子束的基本结构

1.1.1　聚焦离子束的系统的分类

聚焦离子束与常规离子束对材料和器件的加工机理相同，都是通过离子束轰击样品表面实现加工，所以二者的应用领域也基本相同。常规离子束加工系统通常用从离子源抽取的离子束直接轰击样品，原理比较简单，离子束斑直径比较大，一般为几毫米到几十厘米，束流密度较低，加工时必须采用掩模处理。在聚焦离子束加工系统中，来自离子源的离子束经过加速、质量分析、整形等处理后，聚焦在样品表面，离子束斑直径目前已可达到纳米级。图 1-1 所示为 FIB 系统外形图。

按照用途分类，FIB 可以分为 FIB 曝光系统、FIB 注入系统、FIB 刻蚀系统、FIB 沉积系统、FIB 电路、掩模修整系统和 SIM 成像分析系统等；按照结构组成可分为单束单光柱 FIB 系统、双束单光柱 FIB 系统、双束双光柱 FIB 系统、多束多光柱 FIB 系统和全真空 FIB 联机系统；按照离子能量又可以分为高能 FIB 系统、中能 FIB 系统和低能 FIB 系统。

图 1-2 所示为各种 FIB 系统示意图。其中，单束单光柱 FIB 系统只有一个离子束和一条光路作用到试样表面；双束单光柱 FIB-SIM 系统具有电子束和离子束两束，从一条光路作用到试样表面；双束双光柱 FIB-SIM 系统，具有电子束和离子束两束，同时两束分别作用到样品表面，即有两个光路。

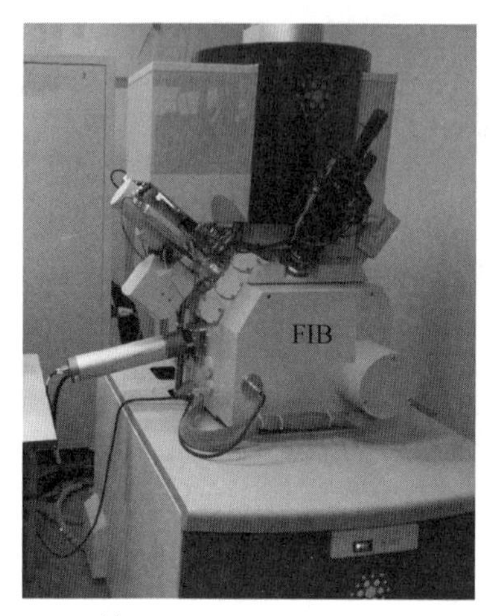

(a) FEI Helios NanoLab 600i

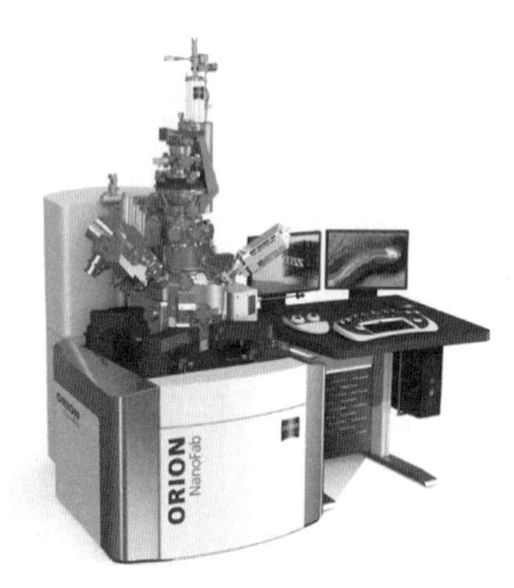

(b) ZEISS ORION NanoFab

图 1－1 聚焦离子束系统外形图

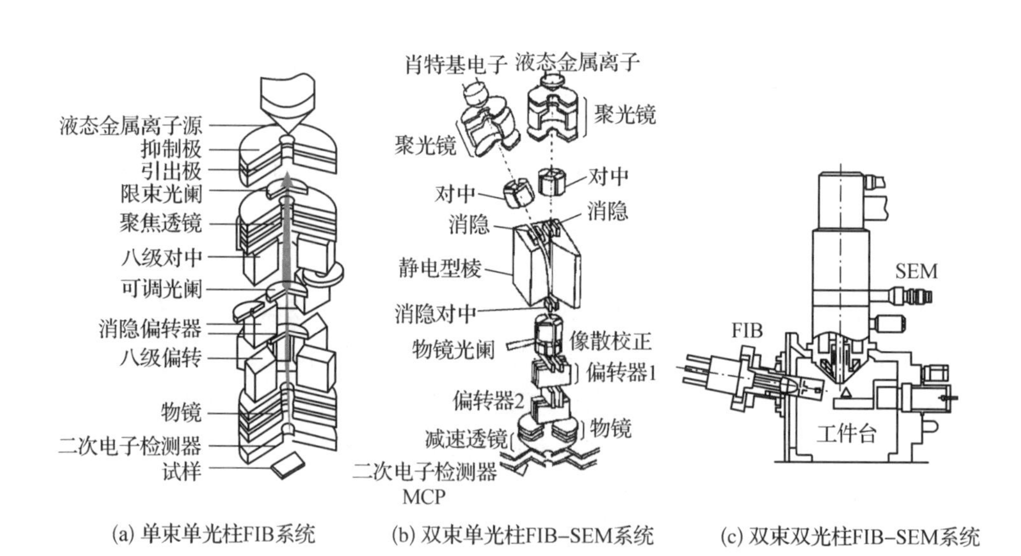

(a) 单束单光柱FIB系统　(b) 双束单光柱FIB-SEM系统　(c) 双束双光柱FIB-SEM系统

图 1－2 各种 FIB 系统示意图

多束多光柱 FIB 系统，具有电子束和多种离子束，比如氦离子束、镓离子束等。聚焦离子束对样品的损伤包括物理和化学损伤，一般可以通过降低离子束的能量减少对样品的物理损伤；对于化学损伤，可通过低能量的惰性气体（如 Ar）离子束加工的方法来减少。“三束”显微镜是在“双束”工作站 FIB 的基础上，有机地结合了氩离子枪。“三束”显微镜工作时，Ga 聚焦离子束、电子束和 Ar 离子束相交于样品表面的一点，结构如图 1-3 所示。“三束”的工作原理是：此仪器通过 Ga-FIB 进行样品制备，然后通过 Ar 离子枪消除在 FIB 加工过程中产生的损伤层，并且在整个加工的过程中利用 SEM 进行确认。“三束”离子束显微镜主要用于高品质、低损伤的 TEM 的样品制备，TEM 样品的损伤层只有 2 nm 厚。

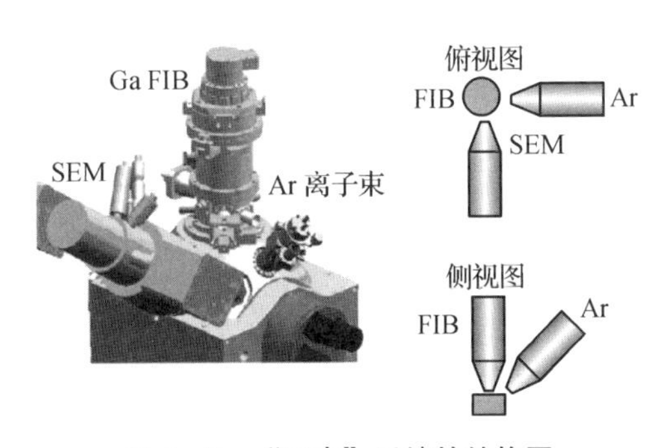

图 1-3　“三束”系统的结构图

全真空 FIB 联机系统，典型的有 FIB-MBE 组合装置分子束外延(MBE)。MBE 是一种用于单晶半导体、金属和绝缘材料生长的薄膜工艺，原子逐层沉积导致薄膜生长，用这种工艺制备的薄层具有原子尺寸的精度。这些薄层结构构成了许多高性能半导体器件的基础。同时由于聚焦离子束束斑直径可达 50 nm 以下，因而可以用来加工量子点、线结构。在使用 FIB-MBE 组合装置时，首先利用 MBE 装置生长出原始薄膜，经过中间处理过程后，利用 FIB 研磨功能加工膜片。这样既可以加工出高质量、低污染的表面，又可进行光电子和量子阱器件的三维纳米结构加工。FIB-MBE 组合系统如图 1-4 所示。

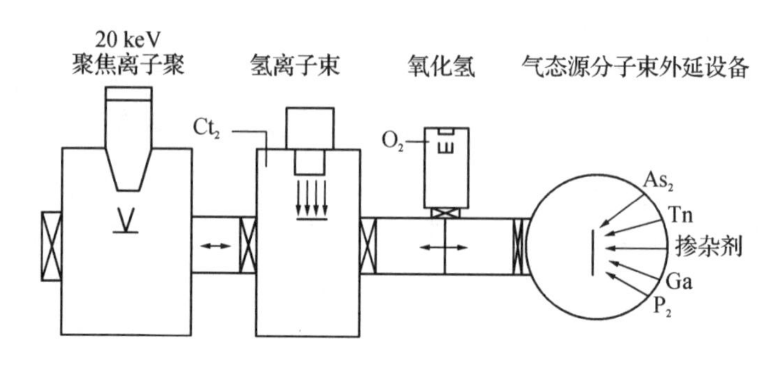

图 1-4　FIB-MBE 组合装置

1.1.2　离子枪的结构

离子柱是聚焦离子束系统的核心，位于离子枪的顶部，由液态离子源、聚焦、束流限制、偏转装置及保护和校准部件等组成（图 1-5）。因为液态离子源的电流较强，离子束的能量色散较大，一般大于 5 eV，所以影响聚焦离子束系统分辨率的主要因素是离子束的色差。为了提高系统的分辨率，必须降低离子束柱体的色差，可通过对光学柱体的特殊设计来实现。

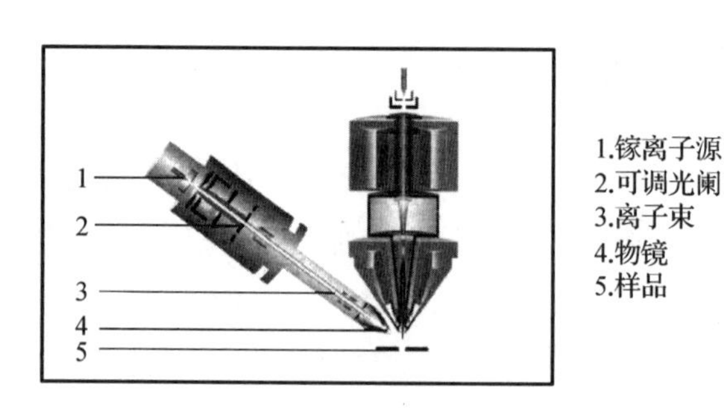

图 1-5　离子枪结构示意图

离子束斑的最小直径随着限束孔大小的改变而改变，束流强度与孔的面积成正比；离子束的直径和工作距离也有一定的关系，当工作距离加大时，束直径也随之增大；另外，束电压的下降也会导致束斑变大。因此，尽管离子柱可以在很大的加速电压范围内工作，但要达到高分辨率，则应适当提高加速电压和减小工作距离。离子源为聚焦离子束系统提供稳定的、可聚焦的离子束，其尺寸大小直接影响聚焦离子束系统的分辨率。表征离子源的主要参数有亮度、源尺寸、稳定性和寿命等。

1. 液态金属离子源

目前聚焦离子束系统常用的是液态金属离子源（Liquid Metal Ion Source，LMIS），而气体场发射离子源（Gas Field Ion Source，GFIS）则由于具有更高的亮度、更小的源尺寸等优点备受关注，如氦离子源等。

真正的聚焦离子束始于液态金属离子源的出现，液态金属离子源产生的离子具有高亮度、极小的源尺寸等一系列优点，使之成为目前几乎所有聚焦离子束系统的离子源。液态金属离子源是利用液态金属在强电场作用下产生场致离子发射所形成的离子源。液态金属离子源的基本结构如图1－6所示。

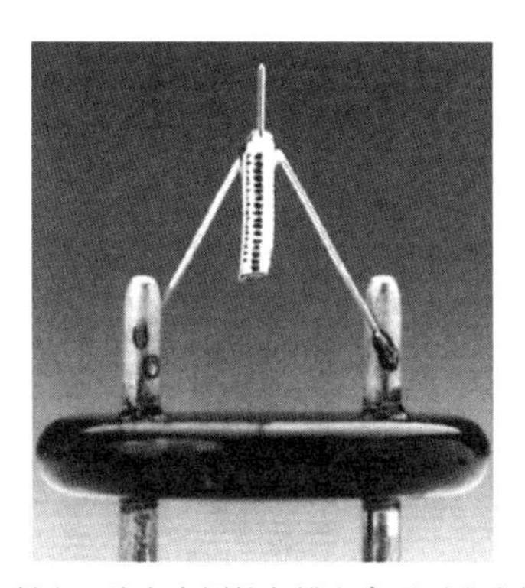

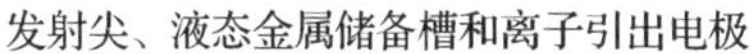

发射尖、液态金属储备槽和离子引出电极

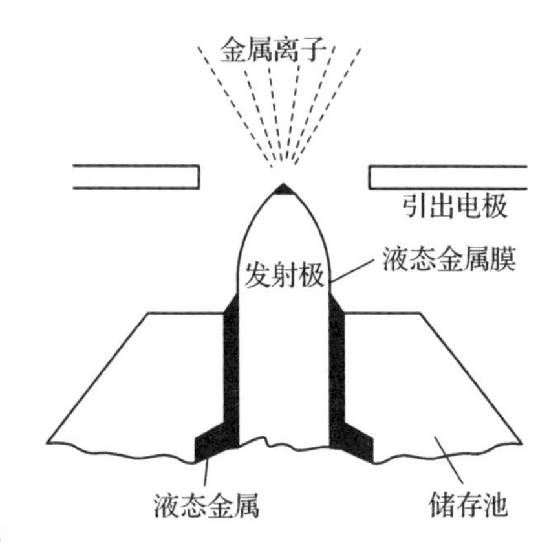

图1－6　液态金属离子源的基本结构

已有用 Ga、In、Al 等金属作为发射材料的单质液态离子源，也有包含高熔点的 Be、B、Si 和高液态蒸气压的 P、Zn、As 等掺杂元素的共晶合金液态离子源。

由金属 W 制作的发射尖，尖端半径只有几微米。发射尖对着引出电极，发射尖的底部是螺旋状镓容器液态金属储备槽。在引出电极上加有几千伏的电压，使发射尖和电极之间形成一个很强的电势差。当液态金属储备槽被加热到一定温度时，金属顺着针尖流下来并且浸润整个发射尖。液态金属在外加电场力的作用下形成一个极小的尖端，液体尖端的电场强度可以达到 10^{10} V/m，致使针尖的液态金属电离，产生的正离子由引出电极释放出来（图 1－7）。

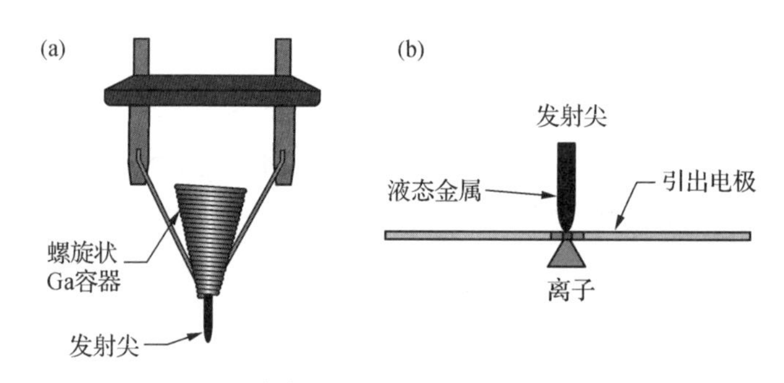

图 1－7　液态金属离子源的工作原理示意图

2. 气体场发射离子源

GFIS 与 LMIS 的基本工作原理类似，也是利用强大的电场电离气体原子或分子从而产生离子，然后利用引出电极引出形成离子束，结构示意图如图1－8 所示。不同之处在于：GFIS 没有液态金属储存槽，取而代之的是惰性气体供气系统。

GFIS 发射的离子束性能不仅与电压和气压等有关，还与尖端附近的气体温度有关。离子束流强随发射尖附近气体温度的下降急剧上升，因此必须配备低温系统。GFIS 能够提供多种惰性气体离子束，产生的离子污染很小，同时离子束的能散小、亮度高。但是，GFIS 需要不断地补充气体，还必须

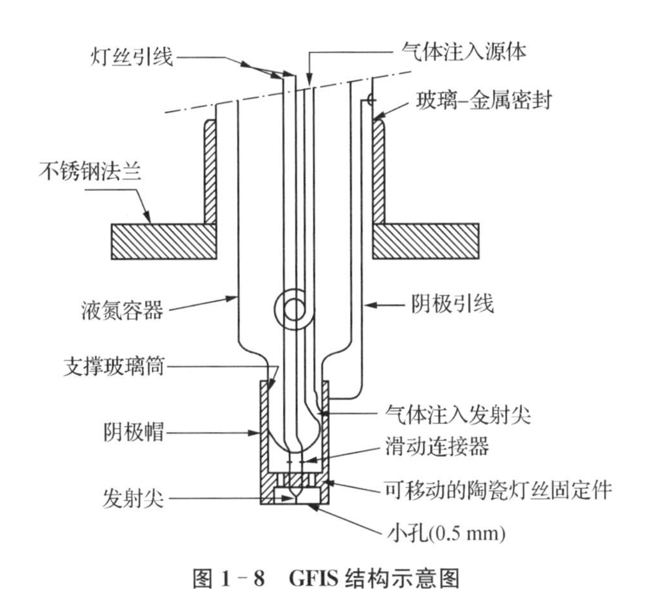

图 1－8　GFIS 结构示意图

配备冷却系统，因此整个系统的结构相当复杂。另外，GFIS 的针尖非常脆弱，导致 GFIS 的工作寿命普遍很短。尽管目前 GFIS 能够提供比 LMIS 更好的离子束，但还是不能全面取代 LMIS 在 FIB 系统中的应用。

聚焦离子束系统有技术成熟的液态金属离子源，又有前景广阔的气体场发射离子源，源尺寸可小到 1 nm，H、He、O、Ne 离子都可以作为气体场发射离子源，同时离子质量分析器的存在又加大了离子源选择的灵活性，使得诸多合金可以作为离子源。离子源的多样化使得聚焦离子束系统的功能和结构也呈现多样化，大大促进了聚焦离子束的发展。

3. 电子束离子源

电子束离子源的基本工作原理是由电子枪产生电子束注入漂移管，在外加磁场的作用下，电子束被聚焦，再通过电子束碰撞电离工作气体产生离子（图 1－9）。

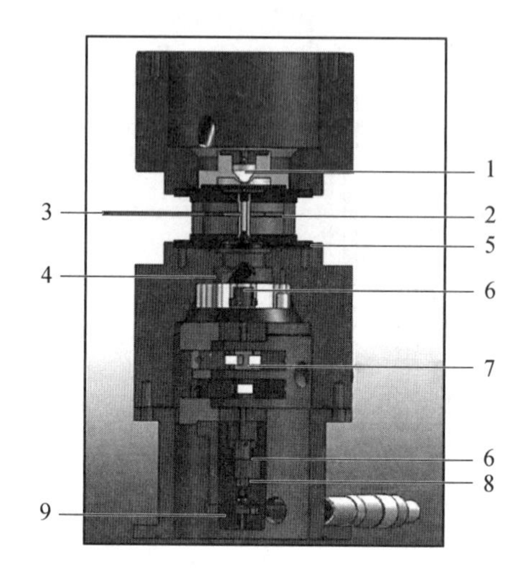

图 1-9　离子源的基本工作原理

4. 系统工作过程概述

聚焦离子束加工系统在离子柱顶端的液态离子源加一强电场来引出带正电荷的离子，通过位于离子柱体中的静电透镜和可控的四极、八极偏转装置将离子束聚焦，并精确控制离子束在样品表面扫描，收集离子束轰击样品产生的二次电子和二次离子，获得聚焦离子束显微图像。在聚焦离子束加工系统中，离子源引出的离子束经过加速、质量分析、整形等处理后，到达样品表面时可聚焦到纳米级（图1-10）。

聚焦的离子束可通过计算机控制束扫描器进行逐点轰击、二维直线扫描和三维立体加工，实现微纳米级特殊结构的高精度、高表面光洁度加工。

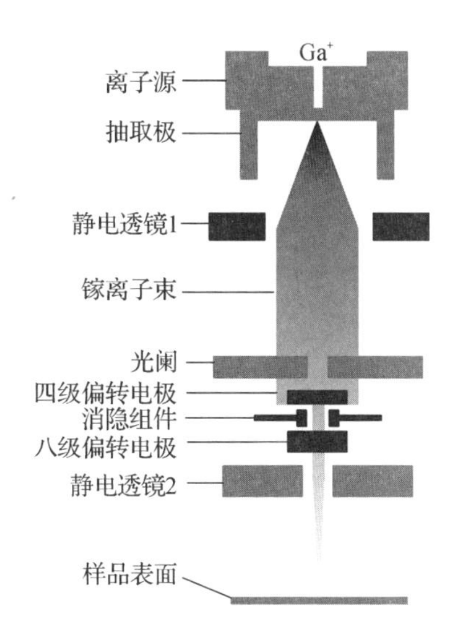

图 1－10　聚焦离子束加工系统工作过程图

1.1.3　双束设备样品室布局与工作台

1. 整体布局

双束设备样品室开启时的图像如图 1－11 所示，样品室包括样品台、探

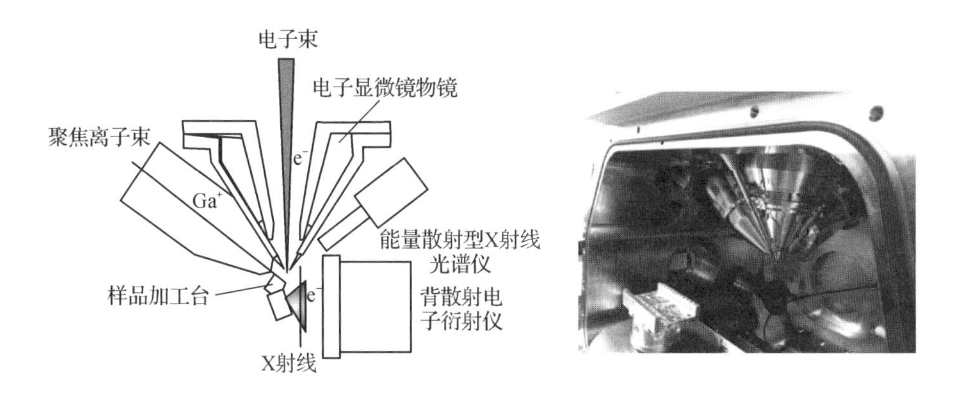

图 1－11　聚焦离子束双束设备结构和实物图

测器、气体注入系统等。双束除了配备有聚焦控制以外，还加入了气体注入控制系统，可以在聚焦离子束对样品进行沉积或增强刻蚀等操作时充入功能气体。

2. 手动工作台

精密工件台是聚焦离子束加工系统的重要部件，它用于承载被加工工件，可进行 x、y 等方向精确移动和定位。它的性能直接影响聚焦离子束加工系统制作微细图形的精度和生产率。美国、日本等发达国家在研究、发展聚焦离子束技术的同时，也进行了工件台技术的研究。我国很多高校和科研单位也在该方面做了大量的研究工作，并逐步形成了专业化生产，拥有系列化产品。工件可以进行 x、y 方向移动，以扩大加工面积；也可以进行 z 向运动，以缩短或加长焦距。此外，工件还可以绕 y 和 z 轴转动（图 1－12）。对于 FIB 刻蚀工艺而言，绕 y 轴旋转特别有意义，它可以改变工件角度以提高 FIB 的刻蚀速度。

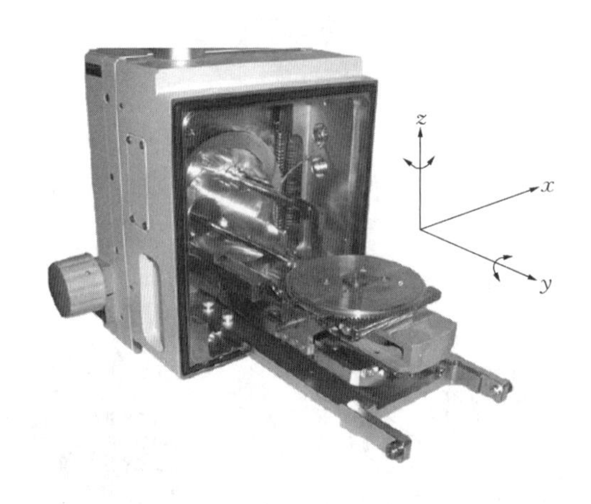

图 1－12　五自由度手动工作台

3. 电机驱动

电机驱动是实现聚焦离子束加工系统精密操作的核心部件（图 1－13），通过各部位电机、传动轴和转换器等的配合，实现对加工系统的精准操控。

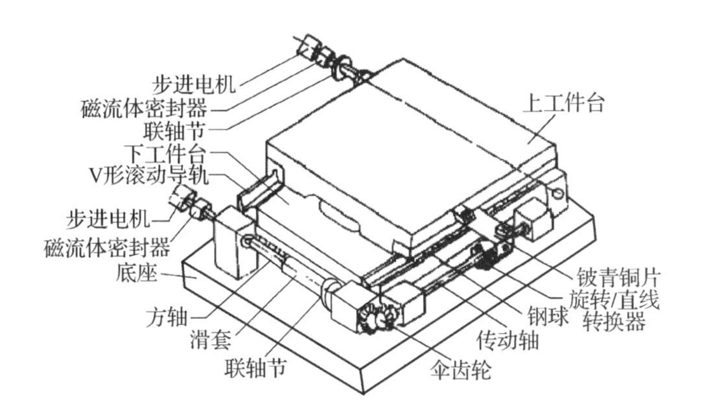

图 1-13　聚焦离子束加工系统中的电机驱动

4. 压电陶瓷驱动

在 Helios NanoLab 600i 双束系统中，沿 x 和 y 轴的平移采用高精度压电陶瓷驱动，最小步长 100 nm，可重复性小于 1.0 μm，平移最大距离达 150 mm；z 方向采用电机方式移动，移动范围 10 mm；θ 方向采用高精度压电陶瓷驱动，可以实现 360°无休止转动；Ψ 方向可以实现 −7°至 +57°的倾斜，最高倾斜精度达 0.1°。

5. 激光定位精密工件台

激光定位精密工件台（图 1-14）利用激光干涉原理来测量工件台 x、y 方向的移动距离和绕 z 轴的旋转误差，随后计算出目标移动距离和实际移动距离之间的误差，由工件台驱动机构予以补偿，或通过离子束偏转予以补偿。

图 1-14　Raith 公司激光定位精密工件台

1.2　离子束与材料的作用及离子束加工基本功能原理

1.2.1　离子束与材料的作用

1. 基本信号

聚焦离子束产生的正性聚焦离子束具有 5—150 keV 的能量，其束斑直径为几纳米到几微米，束流为几皮安到几十纳安。这样的离子束入射到固体材料表面时，离子与固体材料的原子核和电子相互作用，可产生各种物理化学现象（图 1-15）。

(1) 入射离子注入

入射离子在与材料中的电子和原子的不断碰撞中，逐渐丧失能量并被固体材料中的电子所中和，最后镶嵌到固体材料中。镶嵌到固体材料中的原子

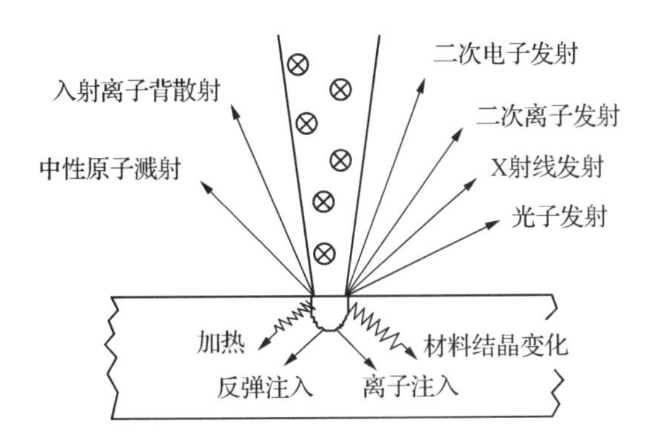

图 1－15　荷能离子与固体表面的主要物理化学现象

改变了固体材料的性质，这种现象叫注入。

(2) 入射离子引起的反弹注入

入射离子把能量和动量传递给固体表面或表层原子，使后者进入表层或表层深处。

(3) 入射离子背散射

入射离子通过与固体材料中的原子发生弹性碰撞被反射出来，称作背散射离子，某些离子也可能经历一定的能量损失。

(4) 二次离子发射

在入射离子轰击下，固体表面的原子、分子、分子碎片、分子团以正离子或负离子的形式发射出来，这些二次离子可直接引入质谱仪，对被轰击表面成分进行分析。

(5) 二次电子、光子发射

入射离子轰击固体材料表面，与表面层的原子发生非弹性碰撞，入射离子的一部分能量转移到被撞原子上，产生二次电子、X 射线等，同时材料中的原子被激发，电离产生可见光、紫外光、红外光等。

(6) 材料溅射

入射离子在与固体材料中原子发生碰撞时，将能量传递给固体材料中的原子，如果传递的能量足以使原子从固体材料表面分离出去，该原子就被弹射出材料表面，形成中性原子溅射。被溅射还有分子、分子碎片、分子团。

（7）辐射损伤

辐射损伤指入射离子轰击表层材料造成的材料晶格损失或晶态转化。

（8）化学变化

由于入射离子与固体材料中的原子核和电子的作用，造成材料组分变化或化学键变化。离子曝光就是利用了这种化学变化。

（9）材料加热

具有高能量的离子轰击固体表面使材料加热，热量自离子入射点向周围扩散。

2. 离子射程

离子在固体中的射程短于电子，离子的射程和材料、入射能量及角度有关。图 1－16 和图 1－17 为不同离子源在不同材料、不同加速电压和入射角度的射程变化。

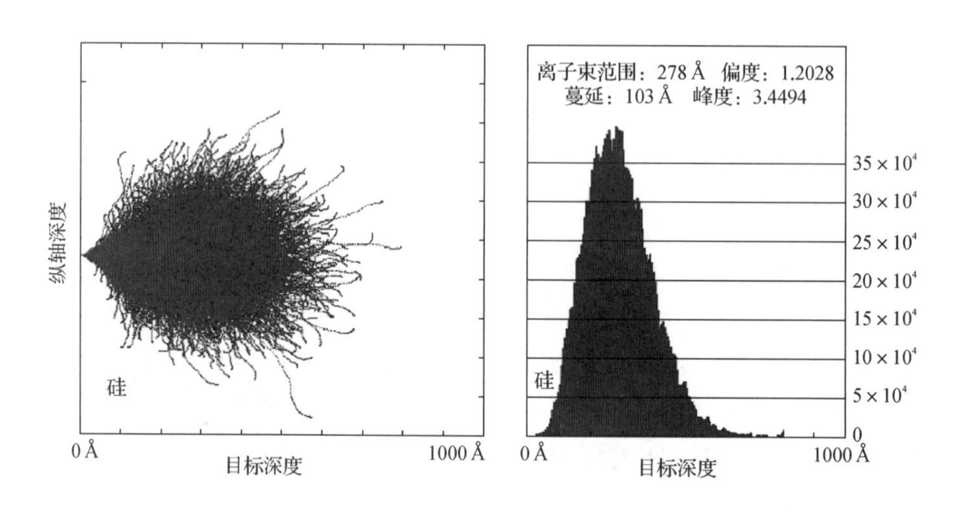

图 1－16　30 keV 下 Ga^+ 在 Si 表面的渗入

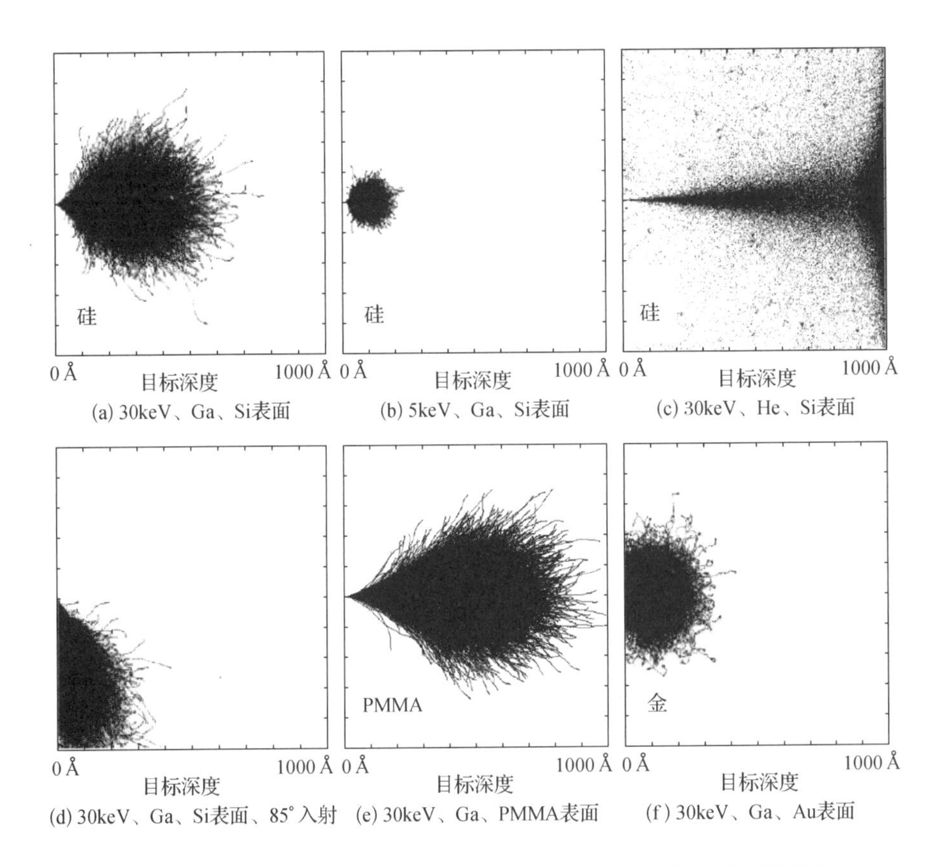

图 1－17　不同离子源在不同电压和入射角度下在不同材料表面的渗入

1.2.2　聚焦离子束的主要功能

聚焦离子束系统是在常规离子束和聚焦电子束系统研究的基础上发展起来的。由于离子源的限制，早期的聚焦离子束系统应用非常有限，液态金属离子源的出现极大地促进了聚焦离子束系统的发展。

目前，聚焦离子束系统集微纳米尺度刻蚀、注入、沉积、材料改性和半导体加工等功能于一体，在纳米科技领域起到越来越重要的作用。

1. 离子注入

离子注入是入射离子在与材料中的电子和原子的不断碰撞中逐渐丧失能量，并与材料中的电子结合形成原子，镶嵌到固体材料中，从而改变固体材料的性能。

FIB 离子注入具有很多优点，如无需掩模和感光胶层，简化工艺，减少污染，提高器件的可靠性和成品率；对离子种类、电荷、能量等进行精确控制；FIB 离子注入与分子束外延结合，可以实现三维掺杂结构器件制作。FIB 离子注入也有缺点，如生产率低；离子源常为合金源，稳定性差；系统结构复杂，其运行和工艺操作相对难。

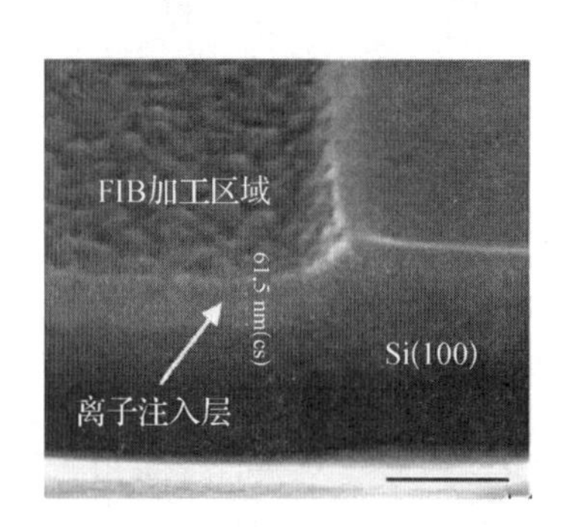

图 1-18　离子束注入截面观测图（其中样品 Si 的观察倾角为 52 度，Bar 为 200 nm）

图 1-18 所示是对聚焦离子束注入层的横截面高分辨率观察结果。聚焦离子束工作参数为 30 kV/30 pA，加工区域为 2 μm×2 μm。如果离子束照射剂量大于 7×10^{16} ion/cm^2，在离子注入层的横截面上会出现直径 10—15 nm 的纳米颗粒。当离子束照射剂量较小时，离子注入层厚度随加工时间的增加而增大；当离子束照射剂量增加到一定程度，离子铣削和离子注入达到动态平衡，离子注入层的厚度趋于稳定。图 1-18 反映了离子注入层深度可通过离子注入层横截面测量得到。对加速电压为 30 kV 的镓离子束，经过测量离子铣削和注入间动态平衡稳定后，离子注入 Si（100）深度为 61.5±5 nm。离子注入损伤深度随着离子能量的增大而增加。

2. 离子溅射

聚焦离子束轰击材料表面，能够将固体材料的原子溅射出表面（图 1-19），是 FIB 最重要的应用，主要应用于微细铣削和高精度表面刻蚀加工。

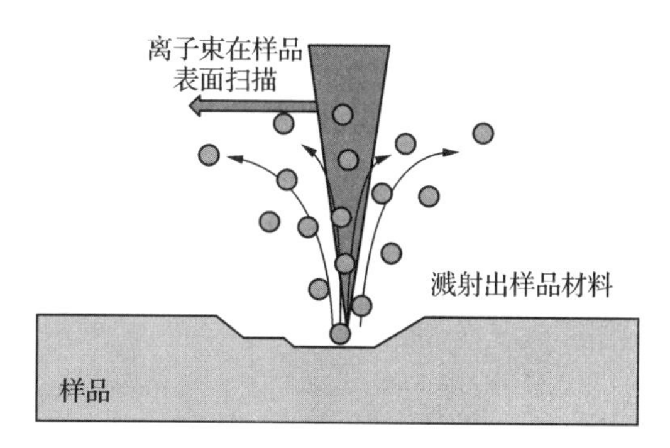

图 1 - 19　聚焦离子束轰击材料表面

聚焦离子束加工是通过高能离子与材料原子间的相互碰撞完成的。高能离子束与固体表面发生作用时，离子穿入固体表面，在表面下层与固体原子发生一系列级联碰撞，将其能量逐步传递给周围晶格。

在原子的级联碰撞过程中，如果受碰撞后的表面原子其动量方向是离开表面，而且能量又达到一定临界值时，就会引起表面粒子出射，这种现象称为溅射去除。

入射离子与固体材料中的原子发生弹性碰撞，将一部分能量 E_t 传递给固体材料晶格上的原子，如果能量 E_t 足够大，超过了使晶格原子离开晶格位置的能量阈值 E_d，则被撞原子就会从晶格中移位，产生反弹原子(recoiling atoms)。

初级碰撞出的反弹原子通常具有远大于移位临界值 E_d 的能量，这些反弹原子会进一步将其能量传递给周围的原子，从而形成更多的反弹原子。在级联碰撞过程中，其中靠近材料表面的一些反弹原子有可能获得足够动能，从而挣脱表面能的束缚，从材料表面逸出成为溅射原子。

离子溅射的一个核心参数是溅射产额（sputte-ring yield)，即每个入射离子能够产生的溅射原子数。离子溅射产额不但与入射离子能量有关，而且与离子束入射角度、靶材料的原子密度、质量等有关。

随着加工深度的增加，被溅射的原子会不可避免地沉积在孔的侧壁表面，即再沉积。再沉积现象在利用离子束溅射高深宽比结构时尤为明显，其会影响加工侧壁的陡峭度（图 1－20）。减小再沉积影响的最有效方法是缩短离子束在每一点的停留时间，即采用快速多次重复扫描加工的方法，重复多次扫描可有效将前次产生的再沉积原子溅射去除（图 1－21）。

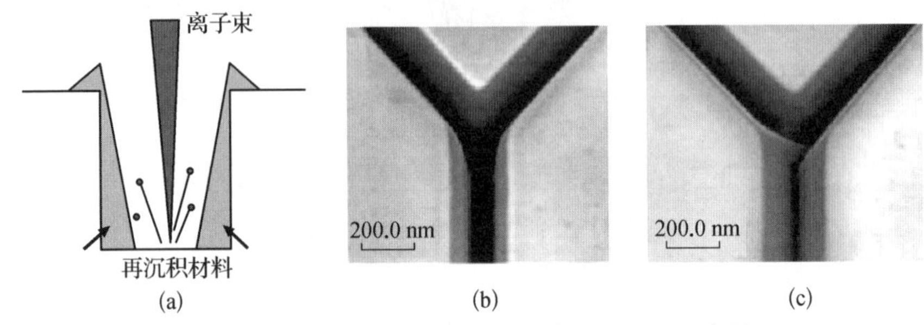

图 1－20　聚焦离子束轰击材料表面再沉积示意图

图 1－21　聚焦离子束 He 离子清洗去除再沉积表面

3. 诱导沉积

在 FIB 入射区通入诱导气体并吸附在固体材料表面，入射离子束的轰击致使吸附气体分子分解，可将金属留在固体表面。FIB 诱导沉积原理如图1－22 所示，主要应用于集成电路分析与修理以及 MEMS 器件制作等。

利用离子束的能量激发化学反应，可沉积金属材料（如 Pt、W 等）和非金属材料（如 Si、SiO_2 等）。离子束沉积工作原理如图 1－23 所示。在气体喷出口附近的局部范围可产生约 130 mPa 的压强，在工件室的其他地方和离子光柱体中气压要低 2—3 个数量级。

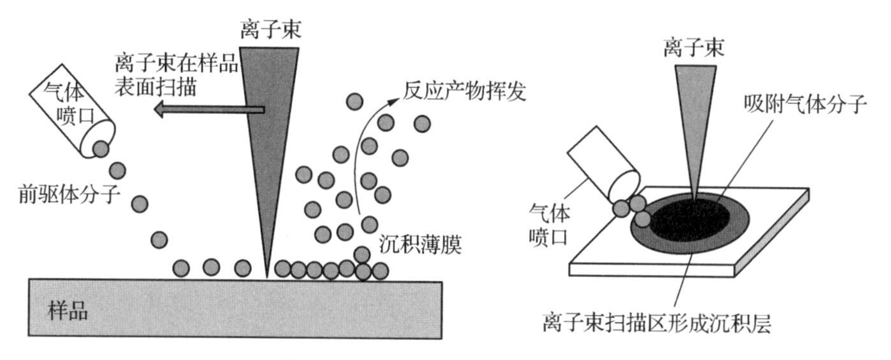

图 1－22　FIB 诱导沉积原理图

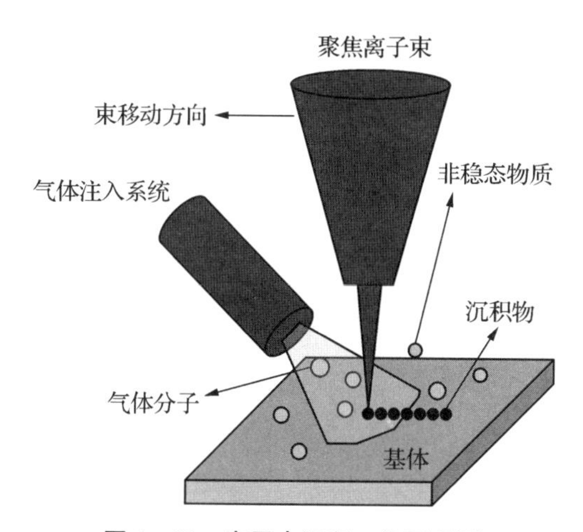

图 1－23　离子束沉积工作原理图

通过气体注入系统，可将一些金属有机物气体（或含有 Si-O 链的有机物气体）喷涂在样品上需要沉积的区域，当离子束聚焦在该区域时，离子束能量使有机物发生分解，分解后的固体成分（如 Pt 或 SiO_2）被淀积下来，而那些可挥发的有机成分则被真空系统抽走。

图 1－24 为聚焦离子束沉积应用实例。利用 FIB 诱导沉积制备纳米级尺度光栅结构如图 1－24（a）所示，最小线宽可达 10 nm；图 1－24（b）显示了 bitmap 文件格式导入图形后，FIB 诱导沉积得到的复杂图案，展现出 FIB 强大的加工能力；图 1－24（c）显示了 FIB 诱导沉积获得的微孔图像，展现了

双束设备在构建三维结构方面也具有强大的能力；图 1 - 24（c）显示了 FIB 诱导沉积获得的微孔图像，双束设备在构建三维结构方面也具有强大的功能；图 1 - 24（d）显示了 FIB 诱导沉积制备得到的环形振荡器；图 1 - 24（e）显示了 FIB 诱导沉积得到的铂纳米点，可用于纳米电子器件方面的研究；图 1 - 24（f）显示了 FIB 沉积制备的螺旋状结构，表明双束设备具备构建复杂三维空间结构的能力。

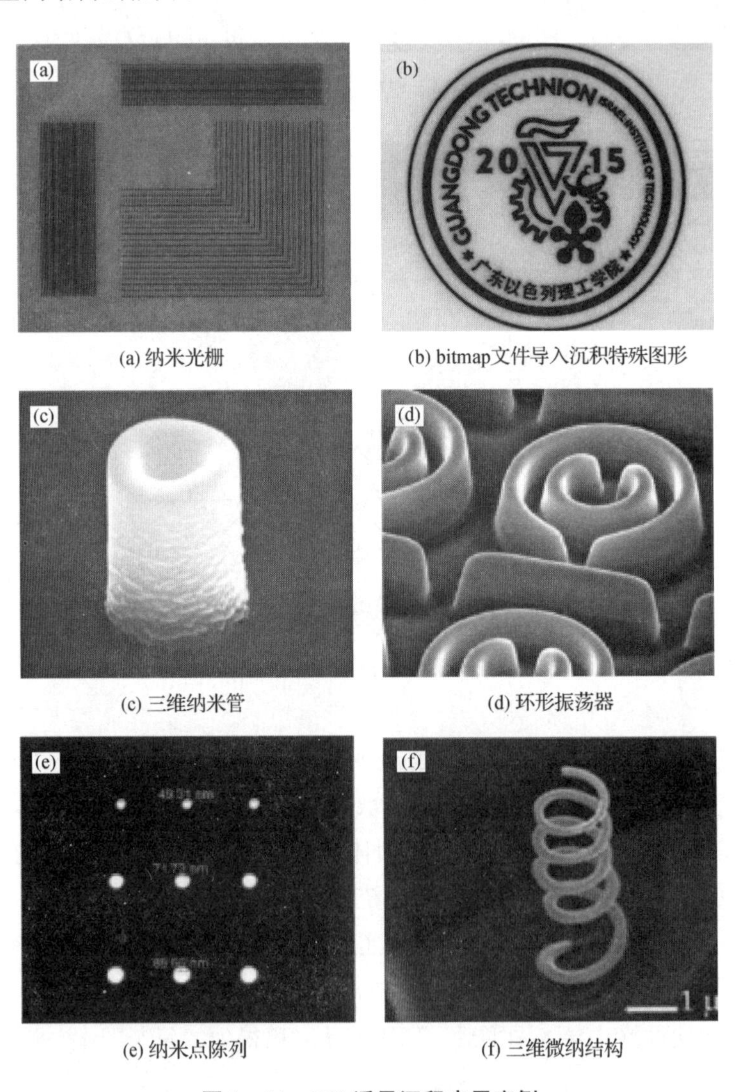

(a) 纳米光栅　(b) bitmap文件导入沉积特殊图形

(c) 三维纳米管　(d) 环形振荡器

(e) 纳米点陈列　(f) 三维微纳结构

图 1 - 24　FIB 诱导沉积应用实例

4. 二次离子成像

离子光学柱将离子束聚焦到样品表面，偏转系统使离子束在样品表面做光栅式扫描，同时控制器同步扫描。电子信号检测器接收产生的二次电子或二次离子信号去调制显示器的亮度，在显示器上得到反映样品形貌的图像，即二次离子成像。

二次离子成像的分辨率主要取决于聚焦离子束的束斑直径和系统的 S/N 信噪比，分辨率低于 SEM。聚焦离子束轰击样品表面，激发出二次电子、中性原子、二次离子和二次光子等，收集这些信号，经处理可以显示样品的表面形貌。聚焦离子束的成像原理与扫描电子显微镜基本相同，都是利用探测器接收激发出的二次电子来成像，不同之处是以聚焦离子束代替电子束。

目前聚焦离子束系统的成像分辨率已达 5—10 nm，尽管比扫描电子显微镜低，但聚焦离子束成像具有更真实反映材料表层详细形貌的优点：当用 Ga^+ 离子轰击样品时，正电荷会优先积聚到绝缘区域或分立的导电区域，抑制二次电子的激发，因此样品上绝缘区域和分立的导体区域在离子像上颜色会较暗，而接地导体会亮些，这样就增加了离子成像的衬度。

对于同种材料，离子束成像时，不同晶面的二次电子、二次离子产额有较大的差别，造成各晶面形成不同衬度的图案。利用这一原理，可以对多晶材料（如金属）薄膜的晶粒取向、晶界的分布和取向做出统计分析。

不同材料对离子束成像的贡献差别也很大。如果材料富含碳的氧化物，离子束成像时该区域亮度就高，因此在腐蚀材料或氧化物颗粒的成像分析方面离子束比电子束具有更明显的优势。

二次离子成像与电子成像相比，可以获得良好的对比度，而后者可以提供较高的分辨率（图 1-25）。

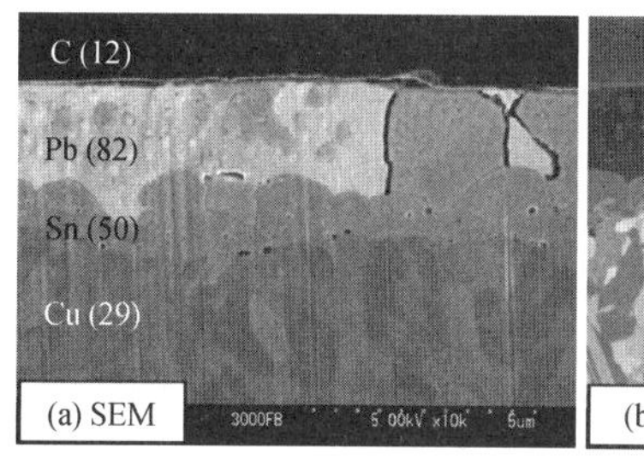

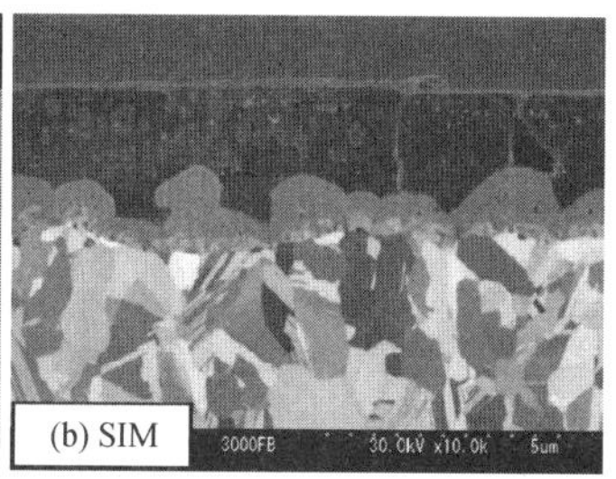

图 1-25　二次离子和二次电子成像

参考文献

［1］北京华纳微科技有限公司．聚焦离子束（FIB）的用途分析［EB/OL］.（2022－11－25）（2023－10－01）．http：//www. huanawei. com/news/340－cn. html.

［2］房丰洲，徐宗伟．基于聚焦离子束的纳米加工技术及进展［J］. 黑龙江科技学院学报，2013，23（3）：211－221.

［3］顾文琪，马向国，李文萍．聚焦离子束微纳加工技术［M］. 北京：北京工业大学出版社，2006.

［4］贾瑞丽，徐宗伟，王前进．面向 Ga^{+} 和惰性离子的聚焦离子束加工机理的研究［J］.电子显微学报，2016，35（1）：63－69.

［5］金乾进．聚焦离子束的微结构溅射刻蚀轮廓计算方法［D］. 南京：东南大学，2017.

［6］刘同娟．FIB－SEM-Ar“三束”显微镜［J］. 电子工业专用设备，2008（10）：53 -55.

［7］马向国，顾文琪．聚焦离子束曝光技术［J］. 电子工业专用设备，2005（12）：56－58.

［8］马向国，刘同娟，顾文琪．聚焦离子束技术及其在微纳加工技术中的应用［J］. 真空，2007（6）：74－78.

［9］马向国，刘同娟，顾文琪．聚焦离子束装置中的工件台及控制系统［J］. 电子工业专用设备，2007（3）：39－42＋60.

［10］马向国，刘同娟，顾文琪．聚焦离子束组合装置及应用［J］. 微纳电子技术，2007（6）：328－330＋336.

［11］毛卫民，杨平，陈冷．材料织构分析原理与检测技术［M］. 北京：冶金工业出版社，2008.

［12］尚勇，赵环昱．用于聚焦离子束系统的离子源［J］. 原子核物理评论，2011，28（4）：439－443.

［13］魏大庆．电子显微分析实验指导［M］. 哈尔滨：哈尔滨工业大学出版社，2021.

［14］徐宗伟，房丰洲，张少婧，等．基于聚焦离子束注入的微纳加工技术研究［J］. 电子显微学报，2009，28（1）：62－67.

[15] 于华杰，崔益民，王荣明．聚焦离子束系统原理、应用及进展 [J]. 电子显微学报，2008 (3)：243 - 249.

[16] 张少婧．基于聚焦离子束技术的微刀具制造方法及关键技术的研究 [D]. 天津：天津大学，2009.

[17] F. Yongqi. Focused Ion Beam for Nanooptics [M] //Encyclopedia of Nanoscience and Nanotechnology (Vol. 14) . Valencia：American Scientific Publisher，2010：205 - 262.

[18] J. I. Goldstein，D. E. Newbury，J. R. Michael，et al. Focused Ion beam applications in the SEM laboratory [M] //Scanning Electron Microscopy and X-Ray Microanalysis. 4th ed. New York：Springer，2018，517 - 528.

[19] J. Orloff，L. W. Swanson. Angular Intensity of a Gas-phase Field Ionization Source [J]. Journal of Applied Physics，1979，50 (9)：6026 - 6027.

[20] J. Orloff，M. Utlaut，L. Swanson. High Resolution Focused Ion Beams：FIB and its Applications [M]. New York：Kluwer Academic/Plenum，2003.

[21] S. Reyntjens，R. Puers. A Review of Focused Ion Beam Applications in Microsystem Technology [J]. Journal of Micromechanics and Microengineering，2001，11 (4)：287 - 300.

[22] T. Ishitani，K. Ohya. Comparison in Spatial Spreads of Secondary Electron Information between Scanning Ion and Scanning Electron Microscopy [J]. Scanning，2003，25 (4)：201 - 209.

[23] Y. Nan. Focused Ion Beam Systems：Basics and Applications [M]. Cambridge：Cambridge University Press，2007.

第二章　聚焦离子束诱导沉积

电子束诱导沉积和离子束诱导沉积是双束聚焦离子束系统的一个重要功能。本章分别简述电子束诱导沉积和离子束诱导沉积的原理、技术特点以及应用，重点介绍实际应用中，针对不同材料的电子束和离子束诱导沉积，相关的电压、电流以及图形等关键参数应该如何选择；通过对比电子束和离子束诱导沉积的参数选择和沉积效果，帮助读者在实际案例中合理选择加工参数，从而达到最佳的沉积效果和效率。另外需要说明的是，本章的实例内容不包括聚焦离子束的基本操作，对这一部分不熟悉的读者可以参考本书的附录一。

2.1　FIB 中的电子束与离子束诱导沉积

2.1.1　电子束诱导沉积原理和技术特点

电子束诱导沉积（Electron Beam Induced Deposition，EBID）是一种利用电子束在基底上按照预设好的图形，沉积出具有相应形状的膜层的技术。在某种辅助气体的作用下，在样品的指定区域扫描聚焦电子束，则能直接沉积出具有特定形状的薄膜，无需经过任何样品前处理或者后处理过程。

EBID 基本原理如下：从气体管道（或称气体注入系统，Gas Injection System，GIS）发出的气体分子（又叫前驱体 Precursor，最常见的是有机金属化合物），被吸附到基底表面；用电子束扫描基底上需要沉积图形的区域，吸附在表面的气体分子在电子束的作用下，发生分解反应，生成稳态和非稳态两类物质。其中，稳态物质在电子束束斑的位置沉积并形成金属沉积物，而非稳态的物质则被真空系统抽走。EBID 的原理示意图如图 2－1 所示。当聚焦电子束在基底表面按照一定的图形扫描时，就可以形成特定的沉积图案，这就是电子束诱导沉积的过程。

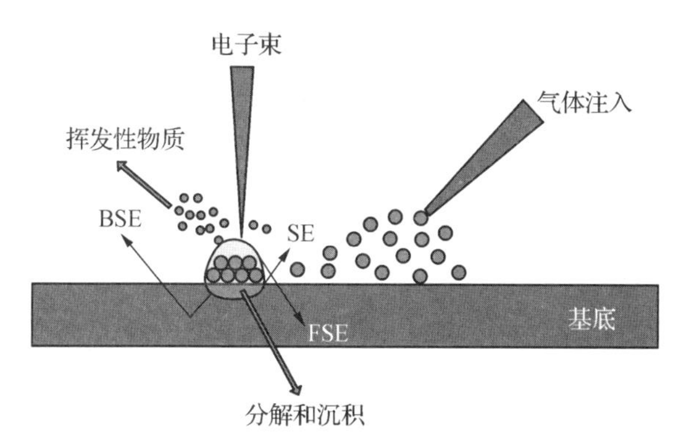

图 2－1　电子束诱导沉积的原理示意图

以上简单描述了 EBID 的基本原理，实际上 EBID 是一个复杂的过程，涉及多种相互作用，包括基底与前驱体分子的相互作用、电子束与基底的相互作用，以及电子束与前驱体分子的相互作用。这些相互作用之间也会互相影响，诱导沉积的过程是由这几个相互作用共同决定的。

基底与前驱体分子的相互作用，包括了扩散、吸附和解吸附等，其中影响沉积效果的重要因素是前驱体分子吸附在基底上的附着时间（Residence time，用 τ 表示），τ 越长则前驱体分子被电子束分解的可能性越大。值得一提的是，随着沉积过程的进行，决定附着时间 τ 的关键界面将由基底的表面转化为已沉积的保护层的表面。这种迁移过程对考虑高精度的纳米结构的沉积效率至关重要，因为关键界面的迁移会直接影响附着时间，进而影响沉积速率。

电子束与基底的相互作用如很多文献中所述，入射电子（primary electron）在基底表面聚焦后，与表面的固体材料发生碰撞并偏离原来的轨道，即发生散射。散射过程根据能量的变化分为弹性散射和非弹性散射，这些散射所激发的电子信号包括二次电子（SE）、背散射电子（BSE）等。其中，非弹性散射由于涉及入射电子与基底材料表面电子的能量交换，导致基底表面温度升高，因而对电子束沉积效率有一定影响。另外，如果基底材料本身是不导电样品，当入射电子的数量与二次电子和背散射电子的总产额不相等时，样品表面将累积荷电电子，从而降低电子束沉积的效率。不导电样品的诱导沉积将会在本章 2.2 节中详细阐述。

电子束与前驱体分子的相互作用是沉积效率的直接影响因素，因为前驱体分子需要在电子束的作用下发生分解反应，生成稳态物质再沉积到基底表面。电子束诱发前驱体分子键断裂发生的概率，可以用一个横截面函数 $\sigma_{(E)}$ 表示。横截面越大则诱发前驱体分子键断裂的可能性越大。横截面函数与入射电子能量和前驱体的分子键合能有关，有研究采用蒙特卡罗模拟方法，计算了不同的前驱体分子在不同的基底材料上的横截面函数。

目前，可以用电子束实现诱导沉积的有 Au、Pt、Cu、Pd、Co、Cr、W 等金属材料，以及 SiO_x、Si_3N_4、无定形碳非金属材料；常见的前驱体包括 Me $(CO)_x$ 结构的金属羰基配合物或者 WF_6 结构的金属卤化物。电子束诱导沉积的技术特点主要是以下几个方面：(1) 由于扫描电子显微镜的电子束具有纳米级的分辨率，利用电子束做沉积或者生长的精度也达到了空前的水平，例如沉积纳米线的精度已经达到了约 1 nm；(2) 可沉积材料选择广泛，包括各种金属材料和非金属材料，可以满足不同的应用场景；(3) 该技术对于基底材料无限制要求，既可以在平整的基底表面上沉积，也可以在有形貌变化的基底上沉积。

相比于其他沉积技术，电子束诱导沉积技术较低的沉积效率限制了其大规模的生产应用；另外，由于前驱体的分解过程较为复杂，所得到的沉积成分往往并不单一，除了目标材料，还会包括前驱体分解得到的有机/无机反应物。因此，实现电子束诱导沉积的成分控制，颇具有挑战性。

综上所述，电子束诱导沉积作为一种先进的增材制造（additive manufacturing）方法，在纳米管生长、纳米线表面修饰和加工、纳米镊子微操作、微超导量子干涉仪等领域都有相关应用，感兴趣的读者可以自行参阅相关文献。

2.1.2　离子束诱导沉积原理和技术特点

FIB系统常见的应用除了利用离子束溅射剥离固体表面材料，实现刻蚀功能外，还有一个重要的应用方向就是离子束诱导沉积（Ion Beam Induced Deposition，IBID）。离子束诱导沉积的本质是采用聚焦离子束辅助进行化学气相沉积，从而在基底表面沉积所需要的材料，其原理和过程与上述电子束诱导沉积相似（图2-2）：通过气体注入系统将气相反应前驱体喷射至欲沉积材料的区域，同时聚焦离子束按照设定的图形区域进行扫描，气相前驱体分子会在离子束的辐照作用下发生分解反应，生成相应的稳态固体金属或非金属物质，进而沉积到基底材料上。

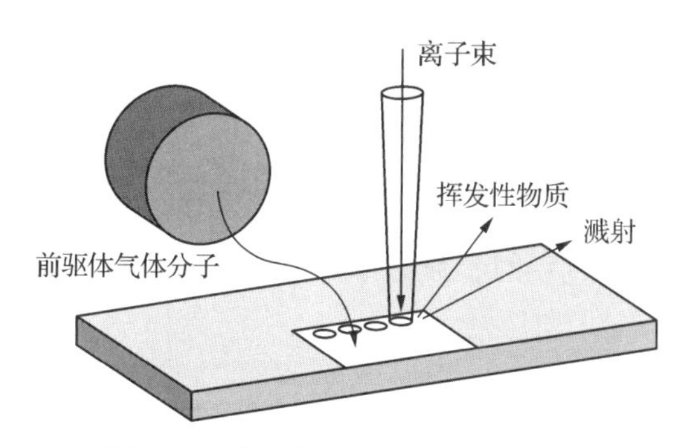

图2-2　离子束诱导沉积原理示意图

相比于电子束诱导沉积，离子束诱导沉积的沉积速率较快，且沉积物的纯度也更高。但是由于离子束沉积一般使用的是镓（Ga）离子，会在沉积层中引入杂质Ga，这种杂质会影响沉积层的电学特性（主要是电阻率）。这一特性会在本章2.3节中详细介绍。离子束沉积与电子束沉积的另一个不同点是在诱导沉积过程中，离子束仍在不断地轰击基底材料表面，故离子溅射与目标膜层沉积的过程并存，并且相互竞争。因此，须仔细调整离子束能量、单位时间剂量、通入气体的压力与气流量等参数，才能保证沉积速率大于溅射速率，从而使沉积膜层不断增厚。另外，由于受到离子束束斑尺寸限制，离子束沉积的空间分辨率一般低于电子束沉积的。然而，凭借沉积层与基体之间的附着力强、膜层牢固，沉积效率高，对基底材料无限制要求等优势，目前离子束诱导沉积在3D结构微纳加工、光刻掩膜版修复和芯片线路修补等领域均有广泛应用。

在实际应用中，可选择的离子束诱导沉积材料包括W、Pt、Au、Al等金属材料，以及SiO_x、Si_3N_4等绝缘材料。其中最常用的金属沉积材料是W和Pt，这两种材料被广泛应用于集成电路的线路修补以及透射样品和常规FIB截面加工的保护层制备，相关的应用实例读者可以参阅本书第5章。

2.1.3 离子束与电子束沉积的参数选择

不管是离子束沉积还是电子束沉积，相关参数的选择对于沉积速率和沉积效果（例如保护层致密度、边沿平整度等）都有重要影响，这些参数包括电压、束流大小，单位时间剂量，通入气体的压力与气流量等。本节将通过具体的实例分别讨论离子束与电子束沉积合适参数的选择。

2.1.3.1 离子束沉积的参数选择

1. 离子束电流

在较低的离子束流下，由于前驱体分子分解速率较低，因而膜层沉积较慢。随着离子束流的增大，前驱体分解效率逐渐增高，沉积速率也相应加快，此时前驱体分解效率未达到峰值，离子束的沉积速率大于离子束的溅射刻蚀速率。当束流继续增大到某一临界值时，前驱体分子的分解效率将达到最大值并被完全分解利用，此时沉积速率也达到最大值。若离子束流继续增大，此时前驱体分解反应的速率不再增加，而更大的束流使得离子束对已沉积好的区域的溅射剥离作用更加明显，即离子束刻蚀速率大于沉积速率，最终沉积速率减慢。因此，要达到最优的沉积速率和沉积效果，离子束流的选择至关重要。

图 2 - 3 说明了不同的离子束束流对沉积效果的影响。图 2 - 3 (b)和(c) 设置相同沉积面积（10 μm×2 μm×1 μm，1 μm 为厚度）的碳保护层；图2 - 3 (b)采用了过大的离子束流（2.5 nA）沉积碳，其刻蚀速率远大于沉积速率，因此不能有效地沉积，可以看见有明显刻蚀效果的区域；当离子束电流选择了合适值（0.43 nA)，则可以正常沉积碳。一般来说，束流的大小可以根据沉积区域的总面积来确定：当沉积温度、真空度等参数均在标准范围内时，ThermoFisher Scientific 建议 Pt 的沉积可采用 6—10 pA/ μm^2 的束流大小；无定形碳的沉积可选择更大的束流，例如 10—20 pA/ μm^2；W 的离子束沉积则一般采用 10—50 pA/ μm^{2}的束流。

(a) 样品台转至52°，在共焦点位置插入GIS C

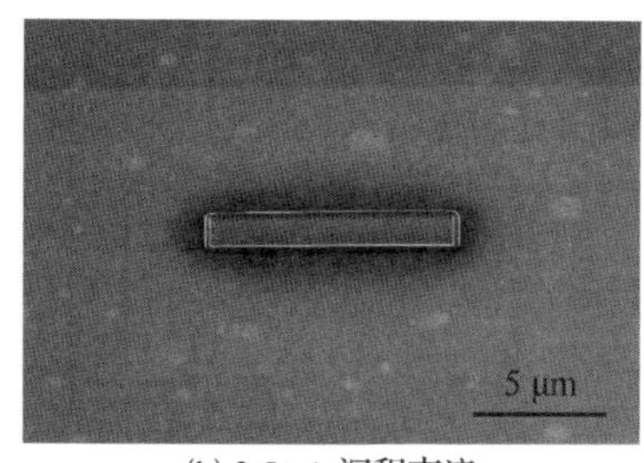

(b) 2.5 nA 沉积束流

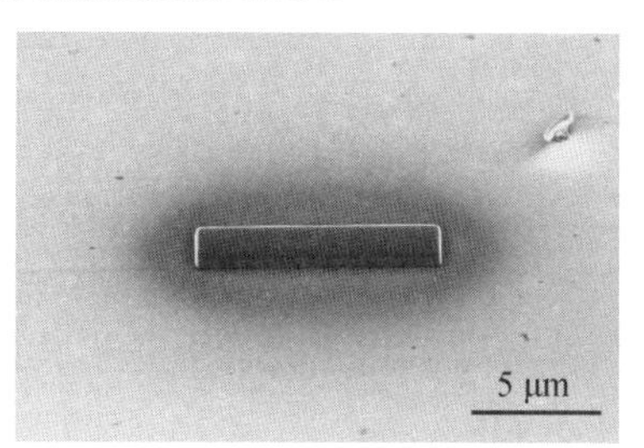

(c) 0.43 nA 沉积束流

图 2 - 3　离子束束流对沉积碳效果的影响

2. 驻留时间和离子束扫描步长值

在实际应用中，离子束需要在基底表面一步一步地扫描，最后描画出预设的沉积区域图形，如图 2 - 4 所示，其中 L 和 W 分别为沉积区域的长度和宽度。这种逐点扫描的加工方法将引入几个新的沉积参数：d 为离子束束斑直径；S 为步长，即相邻两个离子束束斑的中心距离；n 为搭接比（Overlap），即相邻两个束斑的重叠面积占总面积的百分比；还有束斑在该点的停留时间，即驻留时间 T_d（Dwell time，单位为 ms 或 μs）。

离子束束斑直径 d 可通过调整离子束镜筒的参数来决定，一般离子束电流越大，d 值越大。直径 d 的选择取决于沉积图形的分辨率，在分辨率允许的情况下，应选取较大的 d 值，以提高沉积速度。实际使用中，当束流大小按照上述经验值确定后，离子束束斑直径也随之确定。

步长值 S 由离子束束斑直径 d 和搭接比（Overlap）n 共同确定：

$$S = d(1-n) \tag{2.1}$$

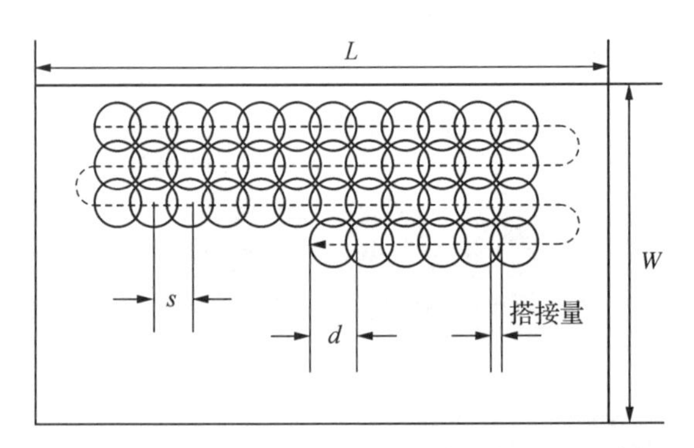

图 2-4　离子束诱导沉积：离子束扫描路径示意图

步长 S 主要决定沉积层厚度的均匀性，S 越小，则沉积层厚越均匀；但过小的步长值会导致沉积速度下降。步长值确定后，相应的搭接比会根据式 2.1 确定；反之亦然。

驻留时间 T_d 也对沉积效果有影响，如果驻留时间过长，会出现已经沉积的部分材料被离子束溅射剥离掉的现象，使沉积速度下降。如果 T_d 过短，会使基底表面吸附的前驱体分子无法充分分解，同样会导致沉积速度下降；并且由于前驱体分子分解不充分，还会导致沉积层中的有机杂质含量增加，使得金属保护层电阻率增加，影响沉积层的应用效果。

通常，一台特定型号的 FIB 电镜，在装机过程中工程师会针对不同的沉积层材料，分别调节其管道喷出的诱导气体流量和喷气嘴距离子束入射点的距离，最终的目的是按照软件默认的沉积参数，各种沉积材料都能达到最佳的沉积效果。图 2－5 是 ThermoFisher Scientific Helios 5 CX 双束电镜的沉积参数设置界面，分别给出了用离子束（30 kV）沉积铂（Pt）和无定形碳（C）这两种材料的默认参数。其中，Overlap X/Y 和 Pitch X/Y 分别表示 x 和 y 两个方向的搭接比和步长值；Dwell time 即驻留时间。由该图可知，同一型号的双束电镜在沉积不同材料时，默认的步长值、驻留时间和 Overlap 一般也有所不同。这是因为不同的气体管道，其气流量和气嘴距目标区域的距离不同。

Basic Properties	
Application	Pt dep
X Size	28.49 μm
Y Size	8.85 μm
Z Size	30.98 μm
Scan Direction	Bottom To Top
Dwell Time	200.000 ns
Beam	Ion
Time	160:26:23
Advanced Properties	
Rotation	0 °
Position X	1.94 μm
Position Y	15.86 μm
Overlap X	-150 %
Overlap Y	-150 %
Gas Type	Pt dep
Pitch X	0.03 μm
Pitch Y	0.03 μm

(a) Pt

Basic Properties	
Application	C dep
X Size	28.49 μm
Y Size	8.85 μm
Z Size	30.98 μm
Scan Direction	Bottom To Top
Dwell Time	200.000 ns
Beam	Ion
Time	160:11:43
Advanced Properties	
Rotation	0 °
Position X	1.94 μm
Position Y	15.86 μm
Overlap X	-50 %
Overlap Y	-50 %
Gas Type	C dep
Pitch X	0.02 μm
Pitch Y	0.02 μm

(b) C

图 2－5　ThermoFisher Scientific Helios 5 CX 双束电镜沉积参数设置

通常，用户可以直接使用已调试好的默认参数来沉积相应的材料，有经验的用户也可以在适当范围内调整这几个参数的组合，以达到更快的沉积速度和特定的沉积效果。例如，欲用离子束沉积长、宽、厚度分别为 10 μm、2 μm、1 μm 的碳保护层，按照 10—20 pA/ μm^2 来确定合适的离子束电流大小，应为 0.2—0.4 nA，即能获得理想的沉积效果，总用时约 2 min。如果用户想缩短沉积时间，选择更大的电流 0.79 nA（总用时约 48 s），按照图 2-6（a）即默认的碳沉积参数来沉积（搭接比 Overlap X/Y 均为-50%），得到的保护层如图 2-6（b）所示，可以看出保护层表面呈沟壑状，保护层厚度不均匀。用户可以自定义沉积参数，将 Overlap X/Y 设置为 0%（如图 2-6c），此时步长值（Pitch X/Y）会根据式 2.1 自动变更为 0.08 μm。按照自定义的沉积参数得到的保护层形貌的 SEM 照片如图 2-6（d）所示，由于根据更大电流的束斑直径调整了相应的搭接比，使得沉积层的表面更为平整，厚度均匀，并且使用大电流能节约加工时间。值得一提的是，如果将搭接比即 Overlap X/Y 进一步变大，比如 30%，会导致刻蚀速率大于沉积速率，从而使最终得到的保护层厚度低于设置值。

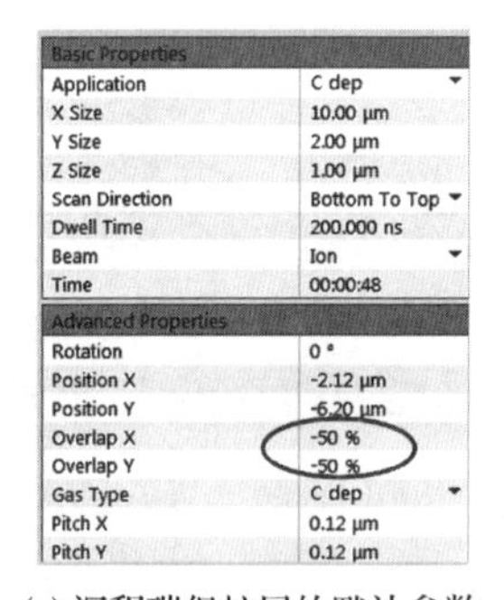

Basic Properties	
Application	C dep
X Size	10.00 μm
Y Size	2.00 μm
Z Size	1.00 μm
Scan Direction	Bottom To Top
Dwell Time	200.000 ns
Beam	Ion
Time	00:00:48
Advanced Properties	
Rotation	0 °
Position X	-2.12 μm
Position Y	-6.20 μm
Overlap X	-50 %
Overlap Y	-50 %
Gas Type	C dep
Pitch X	0.12 μm
Pitch Y	0.12 μm

(a) 沉积碳保护层的默认参数

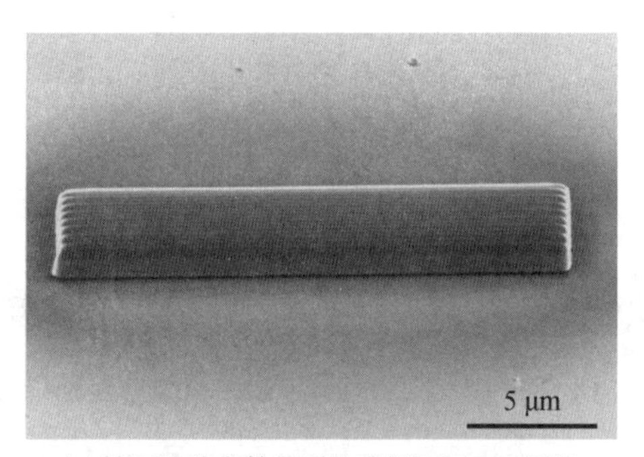

(b) 按照默认参数得到的碳保护层SEM图片

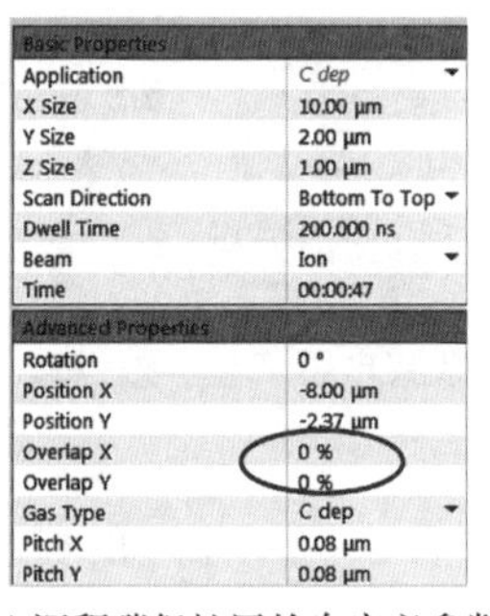

Basic Properties	
Application	C dep
X Size	10.00 μm
Y Size	2.00 μm
Z Size	1.00 μm
Scan Direction	Bottom To Top
Dwell Time	200.000 ns
Beam	Ion
Time	00:00:47
Advanced Properties	
Rotation	0 °
Position X	-8.00 μm
Position Y	-2.37 μm
Overlap X	0 %
Overlap Y	0 %
Gas Type	C dep
Pitch X	0.08 μm
Pitch Y	0.08 μm

(c) 沉积碳保护层的自定义参数

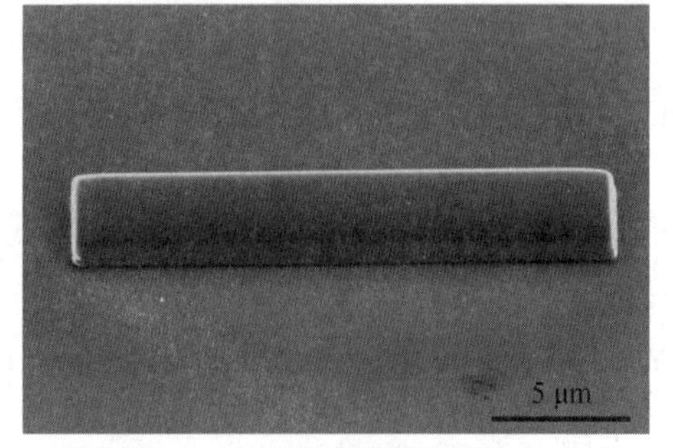

(d) 按照自定义参数得到的碳保护层SEM图片

图 2-6　同一离子束电流（0.79 nA）下的碳保护层沉积

3. 其他参数的选择

一般来说，镓离子的FIB离子束诱导沉积的电压为30 kV；在某些情况下需要用到更低的电压来沉积，将在本章2.4节中举例说明。非镓离子源的双束电镜，例如等离子体FIB（Plasma Focused Ion Beam，PFIB），在沉积较大面积的区域时，往往需要更低的电压（比如12 kV），这是由于30 kV下PFIB沉积大面积材料时，得到的沉积层孔隙率很大，无法达到作为切割横截面保护层的使用效果。

除了离子束电压，温度也是影响沉积速度的重要因素。适当提高GIS的温度一定程度上可以提高沉积速度，但是过高的温度可能会使前驱体分解反应物的成分发生变化，进而影响沉积效果。因此，开始沉积前，需要将GIS加热至特定的工作温度。值得说明的是，一台正常使用的双束电镜，通常不需要在停止使用GIS时对其进行冷却，但是若电镜长期处于停用状态，当再次使用时，则需要将GIS加热至工作温度后才能正常使用。表2-1汇总了ThermoFisher Scientific双束电镜不同的GIS的工作温度，使用的诱导气体名称、分子式以及预热时间。

表2-1　ThermoFisher Scientific双束电镜GIS的基本信息表

沉积物	铂（Pt）	钨（W）	碳（C）
前驱体	Methyl cyclo pentadieny Platinum	Tungsten Hexa carbonyl	Naphthalene
前驱体分子式	$C_5H_4CH_3Pt(CH_3)_3$	$W(CO)_6$	$C_{10}H_8$
工作温度（℃）	45	55	30
预热时间（min）	20	90	15

2.1.3.2　电子束沉积的参数选择

离子束诱导沉积常用的电压是30 kV，而电子束沉积常用的电压是2 kV。由于电子束沉积的速度远低于离子束，为了缩短沉积时间，往往需要选择较大的电流（比如13 nA或26 nA）。与离子束沉积不同的是，电子束沉积不需要考虑在沉积过程中的刻蚀效应，因此在其他条件不变的情况下，电子束的沉积效率和最终沉积厚度一般随着电流增大而呈线性增长。然而，对于不导电的样品，大电流下沉积可能会导致样品漂移（drift），反而降低沉积效率。因此选择电流时，在保证沉积时间在可接受的范围时，可以适当降低电流值以防止样品漂移。

对于某些具有非平整表面的样品，比如表面有微纳尺寸沟槽（trench）的芯片样品，在用电子束做诱导沉积时，需要采用更高的电压值以保证沉积层能完全填入槽内，以避免产生孔洞［孔洞会使后续的横截面加工产生窗帘效应（curtain offect）］。图2－7是采用不同电压沉积芯片样品保护层获得的膜层形貌SEM照片，图2－7（a）是2 kV的电子束电压沉积的效果，图2－7（b）是5 kV的电子束电压沉积的效果，电子束流大小均为3.2 nA。由此可知，相同电流大小下，采用更高的电子束电压能保证保护层材料完全填满trench（图2－7 b），而2 kV电压沉积得到的电子束保护层，无法填到trench的最底部，还留有大面积空洞（图2－7 a箭头处）。

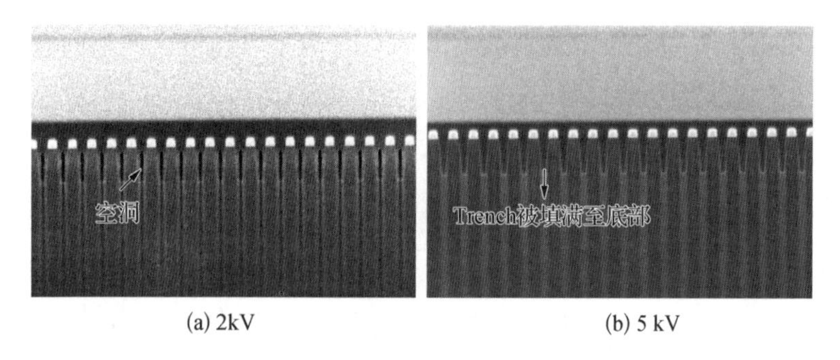

图2－7　不同电压电子束沉积的保护层形貌

其它电子束沉积参数（GIS温度、overlap、步长等）的定义和选择方法可以参考上述离子束沉积。

2.2　沉积层的电学特性

2.2.1　离子束诱导沉积层的电学特性

离子束诱导沉积的重要应用之一是集成电路的布线和修改：利用聚焦离子束进行线路修补时，往往需要用离子束诱导沉积金属线来实现新的电路连接；在有些情况下，也需要在特定位置沉积绝缘体来实现改线。离子束诱导沉积的另外一个应用则是制作微电极，比如在低维材料的电性表征中，可以利用离子束诱导沉积技术来制作微电极，从而实现特定的电性表征。这些诱导沉积的应用，都涉及沉积材料的相关电学特性，比如电阻率或电导率，因而需要明确这些沉积材料相关的电学特性值。然而，由于金属材料诱导沉积大多数使用金属有机化合物作为诱导气体（前驱体），这时沉积的金属中往往有有机物中的碳元素，还有入射离子束的镓元素（Ga），因此离子束诱导沉积得到的金属导体的电阻率一般比纯金属的电阻率高 1—2 个数量级，也就是说其电导率远低于同种纯金属。例如，用镓离子 FIB 在30 kV下，用前驱体 $W(CO)_6$ 来沉积金属钨，得到的沉积层其成分比约为 W∶C∶Ga∶O=75∶10∶10∶5，报道的室温电阻率为 150 $\mu\Omega \cdot cm$，比纯金属 W 的电阻率（5.6 $\mu\Omega \cdot cm$）高了两个数量级。尽管导电性远不如纯金属，FIB 诱导沉积金属仍然被广泛应用于集成电路线路修补的导体连接，因为这种诱导沉积技术可以大大地缩短新电路的研发周期并降低研发成本。

绝缘材料的诱导沉积在线路修补中也有应用，比如常见的绝缘材料 SiO_2，可以用作两导体之间的隔断墙或者两导电层之间的绝缘衬垫。但是由于入射离子束中的镓元素的掺杂，诱导沉积得到的 SiO_2 电阻率会偏低，一般为 10^9—10^{12} $\Omega \cdot cm$，远远低于纯净 SiO_2 的电阻率（约 10^{15} $\Omega \cdot cm$）。

由于沉积材料的导电性与纯物质存在差异，在线路修补的应用中，研究采用聚焦离子束诱导沉积得到的金属或绝缘材料本身的电学性质就尤为重要。表2-2总结了部分文献中报道的FIB诱导沉积层成分比及其在室温下的电阻率。由表中可以看出，FIB诱导沉积材料中主要的杂质是C、O、Ga；使用的离子束能量越高，沉积层中金属元素的含量也越高，室温电阻率越低。这是由于高能量离子束能使前驱体分解得更彻底，因而C、O等有机物杂质含量降低。

表2-2　FIB诱导沉积层成分及室温电阻率①

诱导气体	离子束种类和能量（keV）	沉积层成分比	室温电阻率（μΩ·cm）
$W(CO)_6$	$Ga^+/30$	W∶C∶Ga∶O=75∶10∶10∶5	150
$AuC_7H_7F_6O_2$	$Ga^+/40$	Au∶C∶Ga=80∶10∶10	3
$Al(CH_3)_3$	$Ga^+/20$	Al∶O∶Ga∶C=38∶27∶26∶9	—
PtC_7H_{17}	$Ga^+/30$	Pt∶C∶Ga∶O=45∶24∶28∶3	70
PtC_7H_{17}	$Ga^+/25$	Pt∶C∶Ga∶O=37∶46∶13∶4	400
TEOS①	$Ga^+/30$	主要为Si、O，还有少量C和Ga	10^{14}—10^{15} Ω·cm

2.2.2　电子束诱导沉积保护层的电学特性

与离子束诱导沉积不同的是，电子束诱导沉积得到的保护层不含镓离子杂质，然而由于电子束能量更低，有机金属前驱体的分解不够彻底，得到的保护层中碳元素杂质含量较高。例如，用$C_7H_{10}AuF_3O_2$作为前驱体，采用电子束诱导沉积得到的Au保护层，其Au元素含量仅为25 at.%，碳元素杂质含量高达45 at.%。因此，电子束诱导沉积得到的金属材料往往导电性不够理想，阻碍了电子束诱导沉积技术在Hall sensors、Plasmonics、Nanomagnet Logic等诸多领域的应用推广。

为了解决这一问题，许多研究提出了不同的方法，包括退火后处理、激

① TEOS：四乙氧基硅烷，化学式为$(C_2H_5O)_4Si$。

光辅助电子束诱导沉积、基底材料前处理（加热）、过氧后处理等，均可以降低保护层中的有机物杂质含量，从而显著提高电子束沉积金属材料的导电性。Shawrav 等人采用了一种新型的利用水蒸气作为助氧化剂的辅助沉积技术，得到了纯度高达 91.0 at.%的电子束诱导沉积 Au 纳米线，其电阻率（8.8 μΩ・cm）为目前已知报道的电子束诱导沉积 Au 的最小电阻率。该方法利用常规的$C_7H_{10}AuF_3O_2$作为前驱体，在沉积的过程中同时向目标区域喷射前驱体气体和水蒸气。水蒸气具有高极性和在基底材料（单晶硅片）表面的高吸收系数，可以使沉积材料实现原位净化（In-situ purification），从而得到超低电阻率的高纯度 Au 沉积层而无需经过任何后处理过程。Koops 等人报道了基底材料加热温度与得到的 Au 沉积层的电阻率的关系：基底材料从室温加热到 80 ℃的过程中，Au 的电阻率随着温度升高而显著下降；当基底材料被加热到 80 ℃时，得到的 Au 沉积层电阻率比室温下的沉积层降低了两个数量级。

值得注意的是，以上处理方法也基本适用于离子束诱导沉积。除了以上方法外，还可以通过调控沉积电流、电压、驻留时间、注射剂量等参数，来控制沉积材料的导电性，这些内容将在下一节中详细介绍。

2.2.3　利用沉积参数调控保护层的电学特性

2.2.3.1　通过电子束诱导沉积参数调控电阻率

1. 电流

电子束沉积电流对沉积金属材料的电阻率的影响，可以从图 2-8 中归纳得出：同种前驱体分子，沉积电压不变时，沉积金属的电阻率随着电流的增大而显著下降。这是因为随沉积电流增大，沉积所得材料中的金属元素含量增高，所以导电性提升。金属元素含量升高可以用电子束诱导加热机理（Electron beam induced heating）来解释：电流越大，电子束诱导加热导致沉积材料升温越高，因而可以加速沉积过程中非稳态的有机物从沉积层表面脱离，使沉积层中稳态物质（即金属元素）的含量提升。由图 2-8 还可以看出，当使用较大电流（>400 pA）沉积时，Au 的电阻率低于 Pt；当沉积电流大于 1 nA 时，二者电阻率达到同一个数量级。

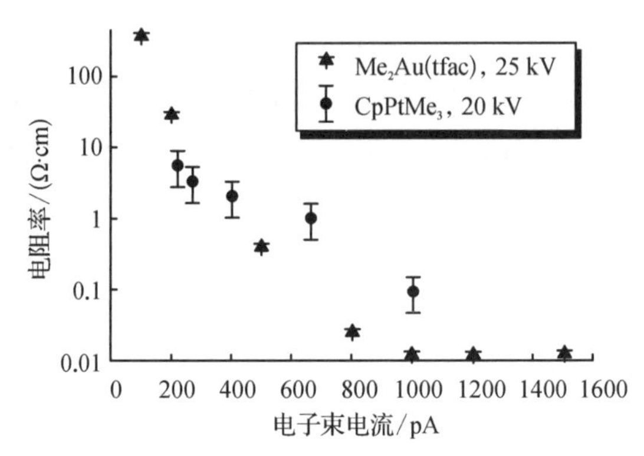

图 2-8　采用两种不同的金属有机物作前驱体进行电子束沉积，获得的金属线其电阻率与电子束沉积电流大小的关系

2. 入射电子能量（High Voltage，HV）

当其他条件不变时，入射电子（primary electron）的能量也能影响沉积材料的电阻率。比如用 W（CO)$_6$ 作为前驱体，利用电子束沉积 W，可以发现随着入射电子能量升高，沉积层导电性下降。其它金属材料（如 Pt，$MeCpPtMe_3$ 前驱体）的电子束沉积也有相同的规律。虽然较为明确的是，导电性的下降是由于沉积层中的金属元素含量下降，但是导致这一结果的机理尚不明确。Hoyle 等人认为，在电子束沉积过程中，影响沉积产物和沉积效率的主要因素为二次电子，而二次电子的产率和能量分布与入射电子的能量相关；另一种说法是，在较低的入射电子能量范围内，前驱体分子与电子发生碰撞的概率增加，从而使非稳态物质的解吸附过程加快，使最终沉积层中稳态物质的含量增加。

3. 驻留时间及其它参数

电子束扫描的参数也对沉积层电阻率有影响。电子束扫描参数包括单点驻留时间、单次扫描剂量、像素点数等，这些参数是相互关联的。研究表明，当沉积的金属线长度和宽度一定时，单点驻留时间越短、单次扫描剂量越小，则沉积所得金属线电阻率越高。对这一现象的简单解释是：单点驻留时间越长，则前驱体分子分解反应更彻底，因而沉积层中金属元素含量增多，导电性提高。其它扫描参数对电阻率的影响可以参考相关文献。

2.2.3.2　离子束诱导沉积参数调控

实际应用中，离子束诱导沉积一般是在 30 kV 电压下进行，并且影响沉积效果的主要参数是离子束电流。有研究采用不同的离子束流沉积 Pt 线，通过测定 Pt 线的 I - V 曲线（图 2-9），并结合其线宽和厚度数据，分别计算出不同的离子束流沉积 Pt 线的电阻率。实验结果表明，当沉积特定线宽和长度的 Pt 线时，沉积束流过大或者过小都会导致电阻率升高；当选择合适电流值时，沉积材料可以获得最小的电阻率值。研究表明，合适的束流密度值（针对 Pt）应该在 6—8 pA/ μm^2，此时可以获得最小电阻率，而这个范围与厂商推荐的获得最快离子束沉积速率的电流密度值基本一致。

相关文献表明，离子束沉积 W 的束流密度的选择也具有相同的规律。对这一规律大致可作如下解释：当束流密度过小，前驱体分子分解反应不充分，在沉积的金属材料中含有较多有机物杂质，因而会使电阻率显著升高。过大的束流密度则会在短时间内使前驱体分子被大量分解，但是有少量分解出的杂质未能及时逸出，保留在沉积的金属材料中使得电阻率升高。

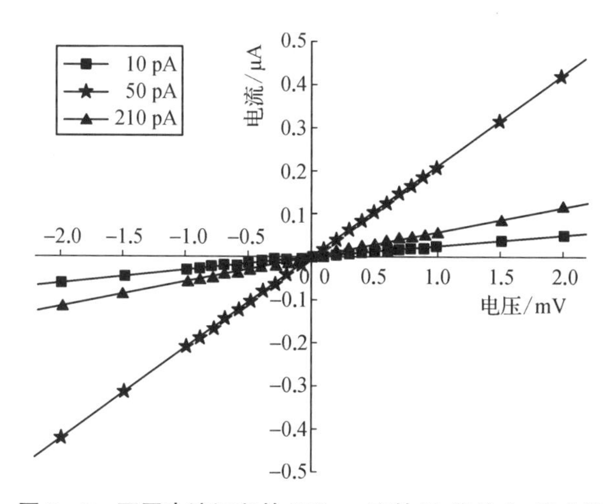

图 2-9　不同束流沉积的 800 nm 宽的 Pt 线的 I - V 曲线

2.3 保护层沉积

2.3.1 保护层种类的选择

双束电镜中最常见的保护层材料是 Pt、W 和 C。通常在选择一台双束电镜的配置时，预算允许的情况下，可以同时配置这三种保护层材料，以满足绝大多数情况的保护层沉积需求。当预算仅能配置两种时，建议选择一种轻元素 C，再搭配一种重元素 W 或 Pt；不建议同时配置两种重元素的保护层材料。这是因为，有的样品需要避免沉积重元素 W 或 Pt 的保护层，比如当样品后续需要做 EDX 能谱分析，而样品本身包含这两种金属元素；利用 FIB 制备透射样品切片时，如果后续需要在透射电镜上做 EDX 能谱分析，往往建议沉积 C 保护层，因为 W 或 Pt 这两种材料的 EDX 谱峰较多，为后期能谱解析造成障碍。

通常 Pt 的沉积速度，尤其是电子束诱导沉积速度，是这三种材料中最快的。比如电子束沉积 Pt，当选用恰当的电压和电流值，得到的保护层实际厚度与设置厚度一致；当电子束沉积 C 时，相同条件下，得到的保护层的实际厚度一般只有设置厚度的约 1/3。因此在没有其他限制的前提下，可以选择 Pt 作保护层，节约加工时间。然而，离子束或电子束沉积的 Pt 保护层，在扫面电镜下观察呈现大颗粒状的微观结构，该微观结构在后期的截面抛光或者常规的透射样品切片制备时，往往会使下方被保护的材料产生窗帘效应，这种窗帘效应在超高倍图像中尤为明显（图 2－10 a)。C 或 W 的保护层没有这种大颗粒状的微观结构，不会在后期的截面加工时引入人为的缺陷，可以得到干净平整的样品横截面图像（图 2－10 b)。因此，在制备透射样品超薄切片或需要获得超高倍的横截面图像时，可以选择 C 或 W 作保护层。

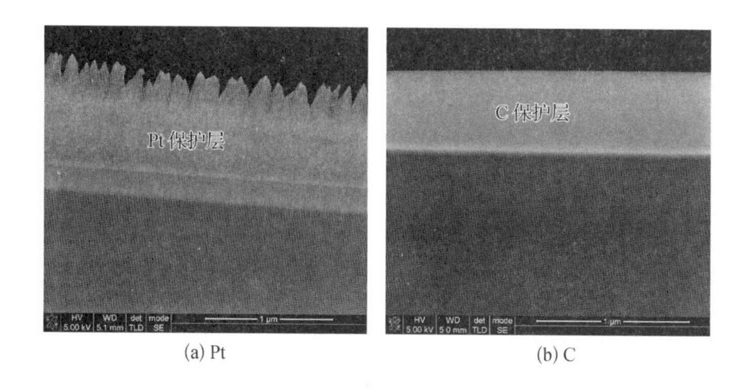

(a) Pt　　(b) C

图 2-10　离子束沉积保护层的 SEM 微观形貌图片

还需要注意的是，制备的透射样品切片，如果后续需要进行样品表面微观结构的尺寸测量，电子束沉积保护层时需要优先选择 C 或 W。这是因为沉积的 Pt 呈现大颗粒形貌，在高倍 TEM 观察时，会观察到由于 Pt 的大颗粒嵌入样品表面带来的样品表面边界线模糊（图 2-11 a），从而在测量纵向深度时不能准确界定样品的边界，产生测量误差。当使用 C 作电子束沉积保护层时，样品的表面能保留原始的形貌，边界线清晰，容易测量纵向深度尺寸（图 2-11 b）。

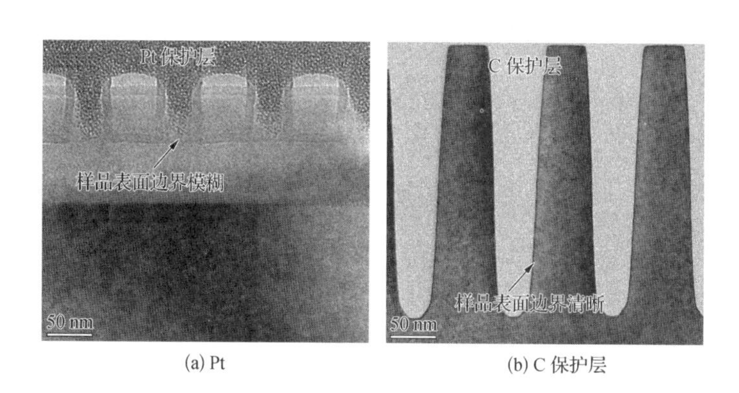

(a) Pt　　(b) C 保护层

图 2-11　某芯片样品的 TEM 明场像

2.3.2 敏感样品保护层的沉积方法和参数选择

2.3.2.1 离子束敏感样品

对于有些各向同性的块体样品，比如铁、镁合金、铝合金、SiC、SiO_2等，用FIB做截面加工或者制备透射样品时，如果样品极表面（100 nm以内）的范围不是感兴趣区域，则可以直接使用30 kV和适当的电流参数来沉积离子束保护层，随后进行截面加工。而对于另一类样品，比如镀膜样品，需要用FIB制备透射样品分析表面膜层厚度时，则要先用电子束沉积一种合适的保护层（保护层材料如何选择见2.3.1），再用离子束沉积保护层，使之完全覆盖在电子束沉积的保护层上，如图2-12（a）和（b）所示。这样的目的是防止离子束直接沉积保护层，导致样品极表面区域被离子束损伤。因为离子束直接照射样品表面，会使样品极表面区域被辐照损伤从而非晶化，影响对表面膜层的观察和对厚度的测量。对于常规材料来说，一般不会由于电子束辐照而产生损伤，所以通常先用电子束沉积保护层（厚度约100—200 nm）。由于电子束沉积速度较慢，因此电子束沉积约100—200 nm后，再用离子束沉积保护层，增加保护层厚度至目标值（约1—2 μm；最终厚度值与切割材料硬度有关，硬度越大，保护层越厚）。如图2-12（c），某种镀膜样品先用电子束沉积约120 nm的Pt保护层，再用离子束沉积约1 μm的Pt保护层，最终可以由横截面的SEM图像观察到在电子束沉积的保护层的极表面有一层约50 nm厚的离子束辐照损伤层，而待观察样品的表面区域的原始形貌被完整保留。

非电子束敏感材料制备透射样品时，电子束沉积保护层的参数往往没有特殊要求，电压一般选择2 kV，电流大小则根据沉积时长来选择总时长能接受的电流值。随后的离子束沉积参数，电压一般选择30 kV，电流和其它参数根据沉积层种类按照章节2.1.3.1中讲述的原则来选即可。值得注意的是，对于大束流敏感材料，比如金属—有机框架材料（Metal Organic Frameworks，MOFs），则不管电子束还是离子束，沉积电压和电流在沉积时长可接受的前提下都要尽可能地小。例如 MOFs 材料可以先用 2 kV、1.6 nA沉积电子束保护层，再用 16 kV 或 8 kV 的离子束电压结合适当电流值来沉积保护层，尽可能减少由于过大的沉积束流对 MOFs 材料表面微观结构的破坏。

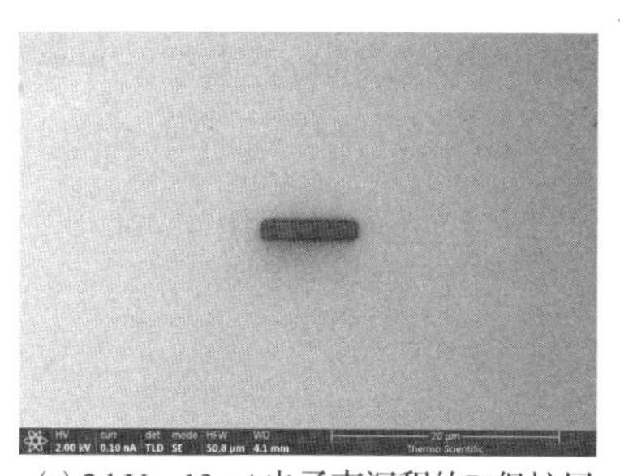

(a) 2 kV、13 nA电子束沉积的Pt保护层
(厚度约120 nm)
的表面形貌图

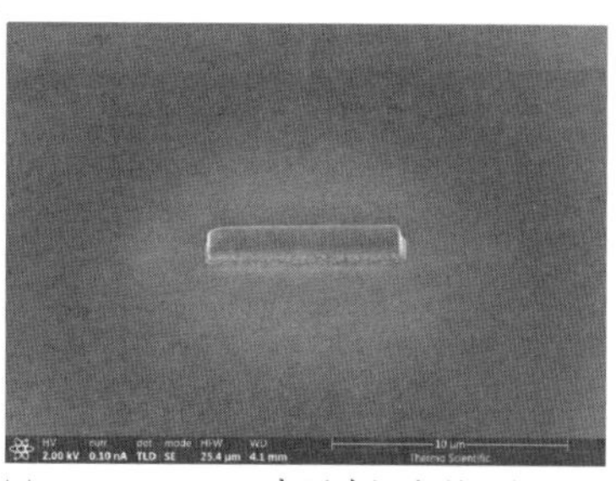

(b) 30 kV、90 pA 离子束沉积的Pt保护层
(覆盖在电子束保护层之上，厚度约1 μm)
的表面形貌图

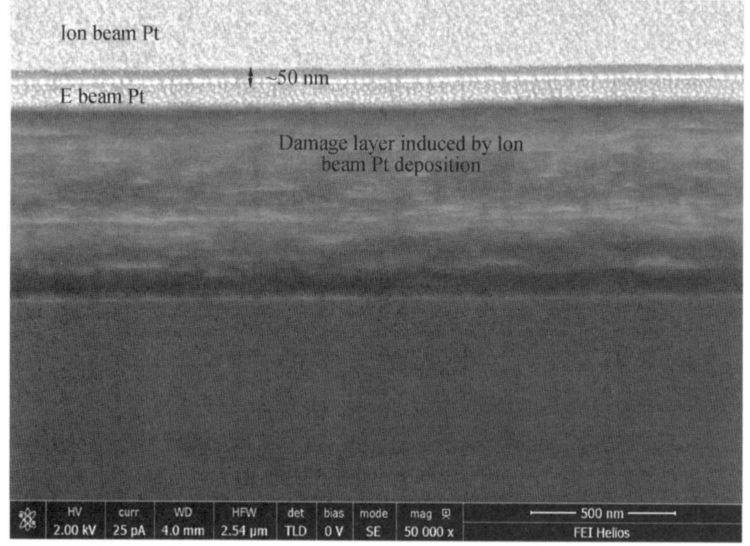

(c) 电子束和离子束沉积的Pt保护层的横截面图像，
其中离子束的辐照损伤层厚度约为50 nm

图 2-12　电子束和离子束沉积保护层

2.3.2.2 电子束敏感样品

有些材料在电子束的辐照下也会产生损伤，比如近几年在集成电路领域有广泛应用的低介电常数材料（又叫 Low-κ 材料）。常见的 Low-κ 材料包括有机聚合物材料（例如聚甲基硅倍半氧烷 PMSQ）和无机多孔材料（例如氮化硅多孔材料）。有机聚合物的 Low-κ 材料一般都是电子束敏感的，因此当芯片样品表面是 Low-κ 材料时，用 FIB 制备透射样品不能直接采用电子束沉积保护层。为了防止电子束对 Low-κ 材料的辐照损伤，用 FIB 加工之前需要对样品表面待加工区域进行保护处理。最常见的处理方法是涂胶，即在光学显微镜下，找到样品的待加工区域后，在该区域上涂覆一层特定的环氧树脂胶（图 2-13 a），之后把样品在加热台上烘烤约 40 min（60 ℃—100 ℃）使胶固化。固化完成后的样品区域可以直接进行离子束沉积保护层（相当于该区域已经有了一层碳基的保护层）。涂胶的关键点是胶的厚度不能过大，否则样品进入双束电镜后，在电子束高电压下无法穿透胶层看见下方的待加工区域的结构（图 2-13 b）；而适当的涂胶厚度（一般小于1 μm）则可以确保在电子束下能清楚观察到样品表面的结构（图 2-13 c）。

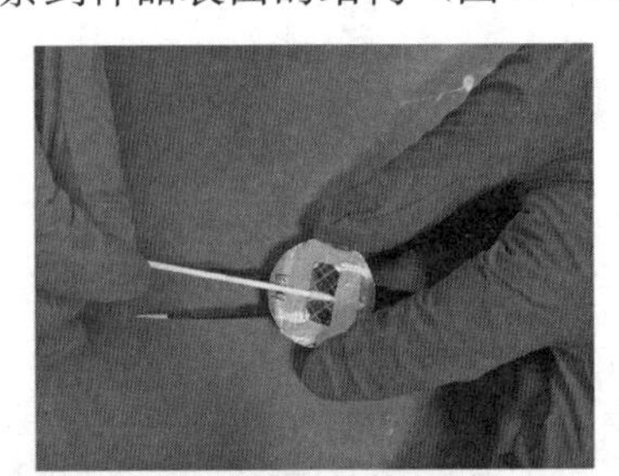

(a) 手持棉签涂胶示意图

(b) 厚涂胶(厚度超过3 μm)

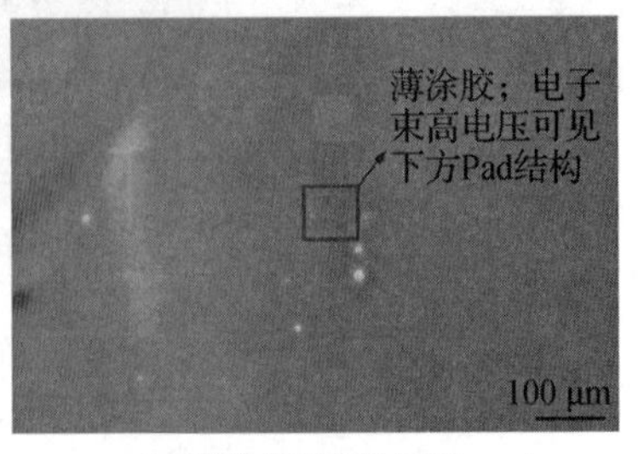

(c) 薄涂胶(厚度小于1 μm)

图 2-13 不同厚度涂胶的芯片样品表面的高电压 SEM 图像

涂胶处理方法使用的胶一般都是特种进口胶，目前没有国内厂家生产的替代品。当手边暂时没有这种胶时，可以用具有速干功能的马克笔代替胶进行表面区域的保护处理。只要将马克笔单次涂写的厚度控制在 1 μm 以内，就可以起到代替电子束沉积保护层保护敏感材料的作用。另外还需要说明的是，涂胶厚度除了要保证高电压电子束能透过胶层，还应该尽可能地薄，理想的涂胶厚度范围在 100—200 nm 左右。这是因为涂胶过薄不能起到保护作用，而过厚可能会导致后续的样品在减薄过程中，样品的薄区出现弯曲变形问题。图 2－14（a）是表面为某种 Low-κ 材料的芯片样品透射样品制备时的减薄过程，其涂胶的厚度约为 700 nm，上方离子束保护层厚度约为500 nm。当透射样品厚度减到 100 nm 以下时，从厚度方向的横截面观察（图 2－14 c），能看见样品已经发生了弯曲变形。另一颗样品的涂胶厚度约为 140 nm（图 2－14 b），当透射样品的薄区厚度减到 100 nm 以下时，从厚度方向观察样品没有发生弯曲变形（图 2－14 d）。

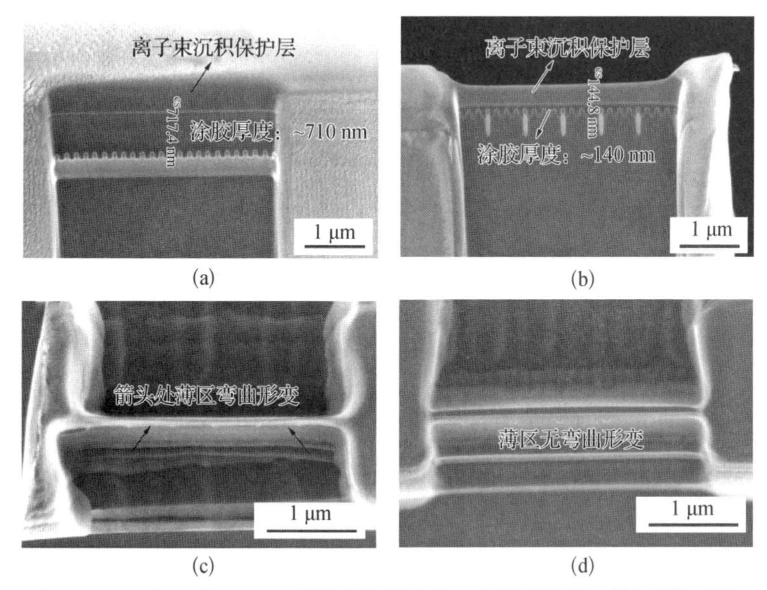

图 2－14　表面为 Low-κ 材料芯片样品的透射样品制备时的减薄过程

在图 2－14 中，（a）和（b）是涂胶厚度分别约为 710 nm 和 140 nm 的样品 SEM 截面图片；（c）和（d）是当透射样品厚度减到 100 nm 以下，从薄区的厚度方向观察得到的 SEM 图像，涂胶厚度约710 nm的样品薄区发生弯曲变形（c），而涂胶厚度约 140 nm 的样品薄区无任何形变（d）。

本章主要介绍了聚焦离子束系统诱导沉积的原理和技术特点，包括不同材料的电子束和离子束诱导沉积，相关的电压、电流以及图形等关键参数应该如何选择，从而达到最佳的沉积效果和加工效率。聚焦离子束诱导沉积除了可以应用于基本的制样保护层，还有其他方面的广泛应用，例如微纳加工、微观力学测试、电极测试等。感兴趣的读者可以自行参考相关文献和书籍。

参考文献

[1] 顾文琪，马向国，李文萍．聚焦离子束微纳加工技术［M］. 北京：北京工业大学出版社，2006.

[2] 罗强，金爱子，杨海方，等．聚焦离子束诱导沉积铂的电阻率特性［C］//中国电子学会．第十三届全国电子束、离子束、光子束学术年会论文集．北京：中国电子学会，2005：188－191.

[3] F. A. Stevie，D. P. Griffis，P. E. Russell. Focused Ion Beam Gases for Deposition and Enhanced Etch［M］//L. A. Giannuzzi，F. A. Stevie. Introduction to Focused Ion Beams：Instrumentation，Theory，Techniques and Practice. Boston：Springer，2005：53－72.

[4] H. Jiu，C. Huang，L. Zhang，et al. Excellent Electrochemical Performance of Graphene-Polyaniline Hollow Microsphere Composite as Electrode Material for Supercapacitors［J］. Journal of Materials Science：Materials in Electronics，2015，26：8386－8393.

[5] H. Langfischer，B. Basnar，H. Hutter，et al. Evolution of Tungsten Film Deposition Induced by Focused Ion Beam［J］. Journal of Vacuum Science & Technology A：Vacuum，Surfaces and Films，2002，20（4）：1408－1415.

[6] H. W. P. Koops，C. Schössler，A. Kaya，et al. Conductive Dots，Wires，and Supertips for Field Electron Emitters Produced by Electron-Beam Induced Deposition on Samples Having Increased Temperature［J］. Journal of Vacuum Science & Technology B：Microelectronics and Nanometer Structures Processing，Measurement，and Phenomena，1996，14（6）：4105－4109.

[7] J. D. Fowlkes，S. J. Randolph，P. D. Rack. Growth and Simulation of High-

aspect Ratio Nanopillars by Primary and Secondary Electron-induced Deposition [J]. Journal of Vacuum Science and Technology B, 2005, 23 (6): 2825 - 2832.

[8] J. Orloff, M. Utlaut, L. Swanson. High Resolution Focused Ion Beams: FIB and its Applications [M]. New York: Kluwer Academic/Plenum, 2003.

[9] K. Höflich, R. B. Yang, A. Berger. The Direct Writing of Plasmonic Gold Nanostructures by Electron-Beam-Induced Deposition [J]. Advanced Materials, 2011, 23 (22—23): 2657 - 2661.

[10] K. Platen, L. Buchmann, H. Petzold, et al. Electron-Beam Induced Tungsten Deposition: Growth Rate Enhancement and Applications in Microelectronics [J]. J Journal of Vacuum Science & Technology B: Microelectronics and Nanometer Structures Processing, Measurement, and Phenomena, 1992, 10 (6): 2690 - 2694.

[11] L. Reimer. Scanning Electron Microscopy: Physics of Image Formation and Microanalysis [M]. Berlin: Springer - verlag, 1985.

[12] M. E. Gross, L. R. Harriott, R. L. Opila. Focused Ion Beam Stimulated Deposition of Aluminum from Trialkylamine Alanes [J]. Journal of Applied Physics, 1990, 68 (9): 4820 - 4824.

[13] M. Ganjian, K. Modaresifar, M. R. O. Ligeon, et al. Nature Helps: Toward Bioinspired Bactericidal Nanopatterns [J]. Advanced Materials Interfaces, 2019, 6 (16): 1900640.

[14] M. Gavagnin, H. D. Wanzenboeck, S. Wachter, et al. Free-Standing Magnetic Nanopillars for 3D Nanomagnet Logic [J]. ACS Applied Materials & Interfaces, 2014, 6 (22): 20254 - 20260.

[15] M. M. Shawrav, P. Taus, H. D. Wanzenboeck, et al. Highly Conductive and Pure Gold Nanostructures Grown by Electron Beam Induced Deposition [J]. Scientific Reports, 2016, 6: 34003.

[16] M. Song, K. Mitsuishi, K. Furuya. Dependence on Substrate Topography of Growth of Nanosized Dendritic Structures in an Electron-Beam-Induced Deposition Process [J]. Physica E: Low-dimensional Systems and Nanostructures, 2005, 29 (3—4): 575 - 579.

[17] N. Silvis-Cividjian, C. W. Hagen. Electron-Beam-Induced Nanometer-Scale Deposition [J]. Advances in Imaging and Electron Physics, 2006, 143: 1 - 235.

[18] P. Bøggild, T. M. Hansen, C. Tanasa, et al. Fabrication and Actuation of

Customized Nanotweezers with a 25 nm Gap [J]. Nanotechnology, 2001, 12 (3): 331-335.

[19] P. C. Hoyle, J. R. A. Cleaver, H. Ahmed. Ultralow-Energy Focused Electron Beam Induced Deposition [J]. Applied Physics Letters, 1994, 64 (11): 1448-1450.

[20] P. Wilhite, H. S. Uh, N. Kanzaki, et al. Electron-Beam and Ion-Beam-Induced Deposited Tungsten Contacts for Carbon Nanofiber Interconnects [J]. Nanotechnology, 2014, 25 (37): 375702.

[21] S. Dhall, G. Vaidya, N. Jaggi. Joining of Broken Multiwalled Carbon Nanotubes Using an Electron Beam-Induced Deposition (EBID) Technique [J]. Journal of Electronic Materials, 2014, 43 (9): 3283-3289.

[22] S. Matsui, T. Kaito, J. Fujita, et al. Three-dimensional Nanostructure Fabrication by Focused-Ion-Beam Chemical Vapor Deposition [J]. Journal of Vacuum Science & Technology B: Microelectronics and Nanometer Structures Processing, Measurement, and Phenomena, 2000, 18 (6): 3181-3184.

[23] S. Roche, F. Triozon, A. Rubio, et al. Electronic Conduction in Multi-walled Carbon Nanotubes: Role of Intershell Coupling and Incommensurability. Physics Letters A, 2001, 285 (1—2): 94-100.

[24] S. Smith, A. J. Walton, S. Bond, et al. Electrical Characterization of Platinum Deposited by Focused Ion Beam [J]. IEEE Transactions on Semiconductor Manufacturing, 2003, 16 (2): 199-206.

[25] T. Tao, J. S. Ro, J. Melngailis, et al. Focused Ion Beam Induced Deposition of Platinum [J]. Journal of Vacuum Science & Technology B: Microelectronics and Nanometer Structures Processing, Measurement, and Phenomena, 1990, 8 (6): 1826-1829.

[26] V. Gopal, E. A. Stach, V. R. Radmilovic, et al. Metal Delocalization and Surface Decoration in Direct-Write Nanolithography by Electron Beam Induced Deposition [J]. Applied Physics Letters, 2004, 85 (1): 49-51.

[27] W. Dorp, C. W. Hagen. A Critical Literature Review of Focused Electron Beam Induced Deposition [J]. Journal of Applied Physics, 2008, 104 (8): 081301.

[28] Y. Long, Z. Chen, Y. Ma, et al. Electrical Conductivity of Hollow Polyaniline Microspheres Synthesized by a Self-assembly Method [J]. Applied Physics Letters, 2004,

84 (12): 2205 - 2207.

[29] Y. Ochiai, J. Fujita, S. Matsui. Electron-Beam-Induced Deposition of Copper Compound with Low Resistivity [J]. Journal of Vacuum Science & Technology B: Microelectronics and Nanometer Structures Processing, Measurement, and Phenomena, 1996, 14 (6): 3887 - 3891.

第三章　聚焦离子束溅射刻蚀

聚焦离子束是在常规离子束基础上发展而来的，高能入射聚焦离子束在进行溅射刻蚀过程中，会与固体材料的原子发生相互作用，产生各种信号，从而产生不同的物理化学信号。聚焦离子束的溅射刻蚀效果主要受入射离子束能量、入射离子源、入射角度、化学活性气体、溅射原子再沉积和扫描加工方式等因素影响。此外，本章以 Helios NanoLab 600i 双束电镜及 TESCAN 双束电镜为例，讲述利用聚焦离子束制备透射样品的加工过程。

3.1　聚焦离子束入射与固体材料表面的相互作用

3.1.1　产生的信号类型

聚焦高能离子束系统产生的正性聚焦离子束能量，其能量一般在 5—150 keV,其束斑直径一般为几纳米到几微米，离子束的电流一般设置为几 pA 到几十 nA。当聚焦离子束入射到固体材料表面时，离子束与固体材料中的原子核和电子发生相互碰撞、散射等作用，由此产生各种物理化学信号，可被应用于微纳加工、材料分析和材料改性等方面。聚焦离子与固体材料作用产生的信号类型和主要物理化学现象，如图 3 - 1 所示。

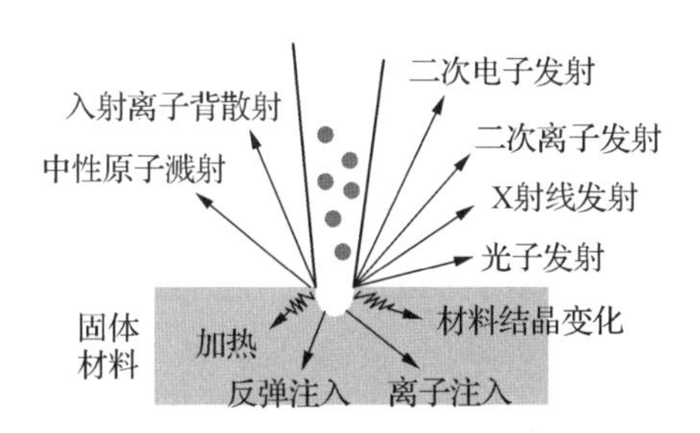

图 3-1　离子与固体材料表面相互作用产生的信号类型和物化现象

1. 入射离子注入

入射离子束入射到材料表面时，与材料中的电子和原子发生不断碰撞，能量慢慢地减小，最后被固体材料中的电子中和，留在固体材料结构中。由此，留在固体材料中的原子改变了本来固体材料的性质，这种现象叫注入。

2. 入射离子引起的反弹注入

入射离子束作用到材料表面上后，同时把离子束的高能量和动量传递给固体表面或表层原子，从而导致原固体材料原子进入表层或表层深处。

3. 入射离子背散射

入射离子束作用到固体材料表面后，与固体材料中的原子发生连续的弹性碰撞，由此被反射出来，称作背散射离子。这些散射出来的离子能量有一定的损失。

4. 二次离子发射

在高能入射离子束的轰击作用下，固体材料表面的原子、分子、分子团受到离子束的作用后，以正离子或负离子的形式发射出来，产生的二次离子可直接被质谱仪接收器接收，根据能量和信号类型可对固体材料表面进行成分分析。

5. 二次电子、光子发射

高能入射离子束作用到固体材料表面后，与表面或近表层的原子发生非弹性碰撞，入射离子束能量有一部分转移到被撞原子上，由此产生二次电子、X 射线。二次电子接收器和 X 射线接收器接收到信号，可对其表面形貌和成分进行分析。此外，高能聚焦离子束会引起材料中的原子激发、电离现象，由此产生可见光、紫外光、红外光等。

6. 材料溅射

当高能入射离子束作用到固体材料表面时，与固体材料中原子发生连续碰撞时，将能量传递给固体材料中的原子。当能量足以促使原子从固体材料表面分离，这些原子就会被弹射出材料表面，从而形成中性原子溅射。被溅射种类还包含有分子、分子碎片和分子团等。

7. 辐射损伤

高能入射离子束作用到材料表层时，引起材料的晶格损失或晶态转化被称为辐射损伤。

8. 化学变化

由于高能入射离子束与固体材料中的原子核和电子发生相互作用，引起材料的组分变化或化学键变化即化学变化。

9. 材料加热

当高能量的聚焦离子束作用到固体表面，固体材料表面温度升高，由聚焦离子束产生的热量自离子束入射位置向周围扩散，即为材料加热。

3.1.2 离子入射到固体材料中的射程

当采用不同种类的离子源入射且选用的离子能量不同时，离子束进入固体材料后所受到的阻止力也不相同。低能入射离子束主要受原子核的阻止力发生散射，在散射过程中，离子束能量以弹性碰撞的方式传给了靶材原子；对于高能入射离子束，高能离子束的能量损失主要受电子的阻止力，因为电子质量很小，基本不会影响入射方向，所以离子束在开始入射时一直沿着近似直线路径传播；当原子核阻止力为主要阻力时，离子束沿着曲折路径传播。由于碰撞是随机的，散射角可大可小。高能入射离子与靶材原子发生连续碰撞，其运动过程是曲折的，直至其能量全部损失后留在固体材料内。

在实际应用中，人们更关注的是入射离子的投影射程，即射程每段在离子束入射方向的投影总和。当入射离子束在固体表面垂直入射时，投影射程在一定程度反映了入射离子在固体材料停留的最大深度，一般用 R_p 表示。高能离子入射到固体材料中发生散射现象，具有随机性和群体性。对离子的分布射程范围进行统计学分析，可知入射离子的射程分布呈高斯分布。大量离子入射到固体材料中的投影射程的平均值，即平均投影射程，用 $\overline{R_p}$ 表示，反映的是高斯分布最大值，也是射程范围的最大值。投影射程 R_p 与总射程 R 的关系近似为如下表达式：

$$R_p = \frac{R}{1 + \frac{M_2}{3M_1}} \tag{3-1}$$

其中，R_p 为投影射程；R 为入射离子的总射程；M_2 为靶材原子的相对原子序数；M_1 为入射离子的相对原子质量。

图 3-2 所示为 30 keV 下镓离子在硅表面的射程范围。图 3-2（a）所示为所有镓离子入射硅材料后的轨迹分布情况，呈现水滴状形态，且对称分布；图 3-2（b）所示为镓离子入射硅材料后的投影射程分布情况，呈现高斯分布，且最大入射射程为 30 Å 左右。此外，离子在固体中的入射射程与材料

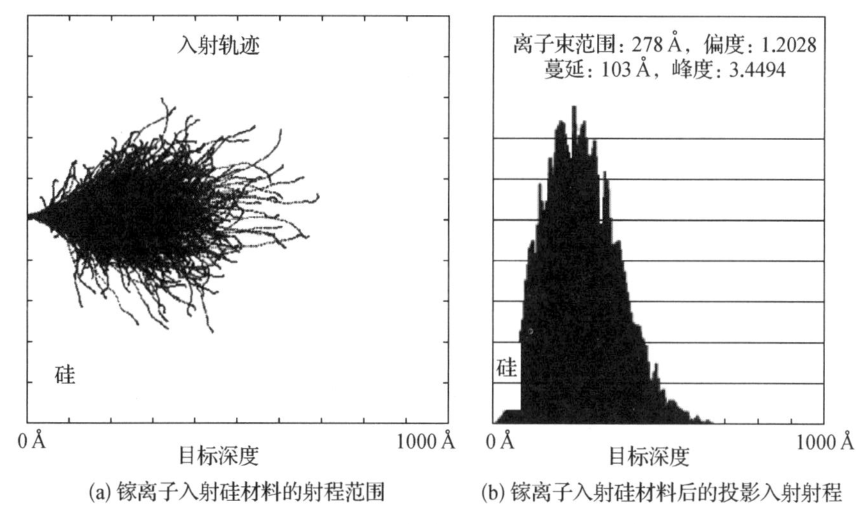

(a) 镓离子入射硅材料的射程范围　(b) 镓离子入射硅材料后的投影入射射程

图 3-2　30 keV 下镓离子在硅表面的射程范围

原子序数、入射能量及入射角度有关（图 3-3）。与图 3-3（a）相比，如图 3-3（b），当入射离子的电压降至 5 keV，镓离子入射硅材料的射程范围明显减小。如图 3-3（c）所示，当镓离子源更换为氦离子源后，在 30 keV 电压下，同样在硅材料表面的入射轨迹呈现针尖状分布，且分布形态发生明显变化。如图 3-3（d）所示，当镓离子入射方向倾斜 85°入射硅材料后的入射轨迹发生明显的倾斜，且轨迹分布不对称。当材料由硅材料换成碳材料后，如图 3-3（e）所示，由于碳材料的原子序数明显小于硅材料，镓离子入射射程明显增大；如图3-3（f）所示，当硅材料更换为金材料后，原子序数明显增加，镓离子在金材料上的入射射程明显减小。

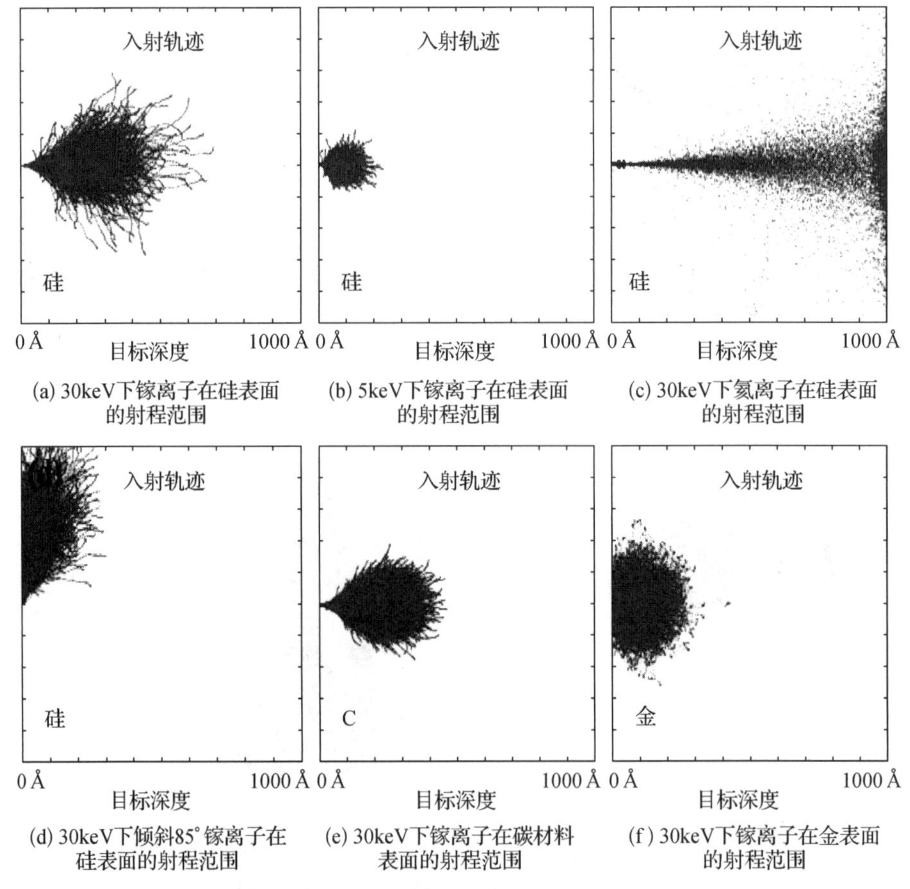

(a) 30keV下镓离子在硅表面的射程范围　(b) 5keV下镓离子在硅表面的射程范围　(c) 30keV下氦离子在硅表面的射程范围

(d) 30keV下倾斜85°镓离子在硅表面的射程范围　(e) 30keV下镓离子在碳材料表面的射程范围　(f) 30keV下镓离子在金表面的射程范围

图 3-3　不同离子源在不同电压和入射角度下在不同材料上的射程范围

3.2　聚焦离子束的溅射刻蚀

聚焦离子束系统是在常规离子束和聚焦电子束系统研究的基础上发展起来的，从本质上是一样的。与电子束相比，聚焦离子束将离子源产生的离子束经过聚焦光阑加速聚焦后对样品表面进行扫描工作。

溅射刻蚀是聚焦离子束加工的最主要功能，溅射是入射高能离子束将能量传递给固体材料靶材原子，使得原子获得足够的能量，从而逃逸出固体表面的现象（图 3－4）。离子溅射现象并不是一对一的过程。

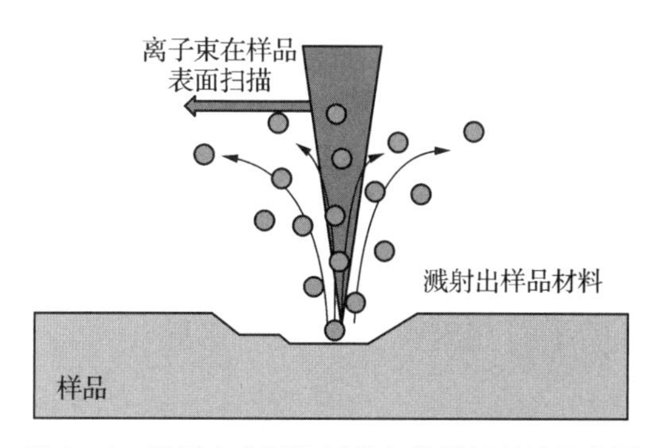

图 3－4　离子束在基体材料上的溅射刻蚀示意图

聚焦离子束加工是通过高能离子束与固体材料表面原子间的相互碰撞进行工作的。高能离子束与固体材料表面发生相互作用时，离子入射到固体表面，在入射方向与固体材料原子发生一系列原子级联动碰撞，将离子束能量逐步传递给周围晶格。在原子级联动碰撞过程中，如果高能离子束与固体材料中原子发生碰撞后，固体材料近表面大量原子的动量方向是离开表面的，且能量满足出射临界值，就可引起表面原子或分子的出射，此种现象称为溅射去除。聚焦离子束加工通过此现象实现刻蚀的目的。

高能入射离子束与固体材料中内部原子发生连续弹性碰撞行为，将能量的一部分传递给固体材料晶格上的原子。如果传递的能量足够大，超过了使晶格原子离开晶格位置的能量阈值，则被撞原子就会从晶格中移位，从而产生反弹原子。当离子束与固体材料中原子发生初级碰撞时，产生的反弹原子具备的能量远大于移位临界值的能量，反弹原子所具备的能量会进一步传递给周围的晶格原子，从而产生更多的反弹原子。在初级连续碰撞过程中，当固体材料近表面的一些反弹原子获得足够的动能能量时，会从固体材料表面逸出，形成溅射原子。

离子溅射刻蚀的核心参数之一是溅射产额，即每个入射离子能够产生的溅射原子数。溅射产额可以用线性连续碰撞模型进行计算：

$$Y(E,\ \theta)=\frac{0.042}{U_s}\left(0.15+0.13\,\frac{M_2}{M_1}\right)S_n(\varepsilon)\cos^{-f}(\theta) \tag{3-2}$$

其中，U_s 为表面键合能；S_n 为原子核碰撞截面；θ 为离子束入射角；M_2 为靶材的原子质量；M_1 为入射离子的原子质量。

根据公式 3－2 可知，离子溅射产额不但与入射离子束能量有关，还与离子束入射角度，靶材料的原子密度、质量，目标靶材层数等参数有关。

3.2.1 入射离子能量对溅射产额的影响

图 3－5 所示为 10—30 keV 离子束能量下镓离子束垂直作用到碳基底靶材上的入射轨迹和入射深度。图 3－5（a）所示为 10—30 keV 离子束能量下镓离子在碳基靶材中的运行轨迹，并对离子的注入范围有了直观的模拟；图 3－5（b）所示为 10－30 keV离子束能量下镓离子在碳基底中运动和停止的反冲原子，从靶材表面逸出的反冲原子数目就是溅射产额。根据模拟仿真的结果可知，随着离子束能量的增加，靶材中离子的注入深度及反冲原子的影响深度均逐渐变大；在相同离子能量下，反冲原子的影响深度要比离子的注入深度大一些，在 10—30 keV时，反冲原子的影响范围为 20—100 nm，离子入射影响范围则为 20—50 nm，说明离子束能量对溅射产额有很大的影响。

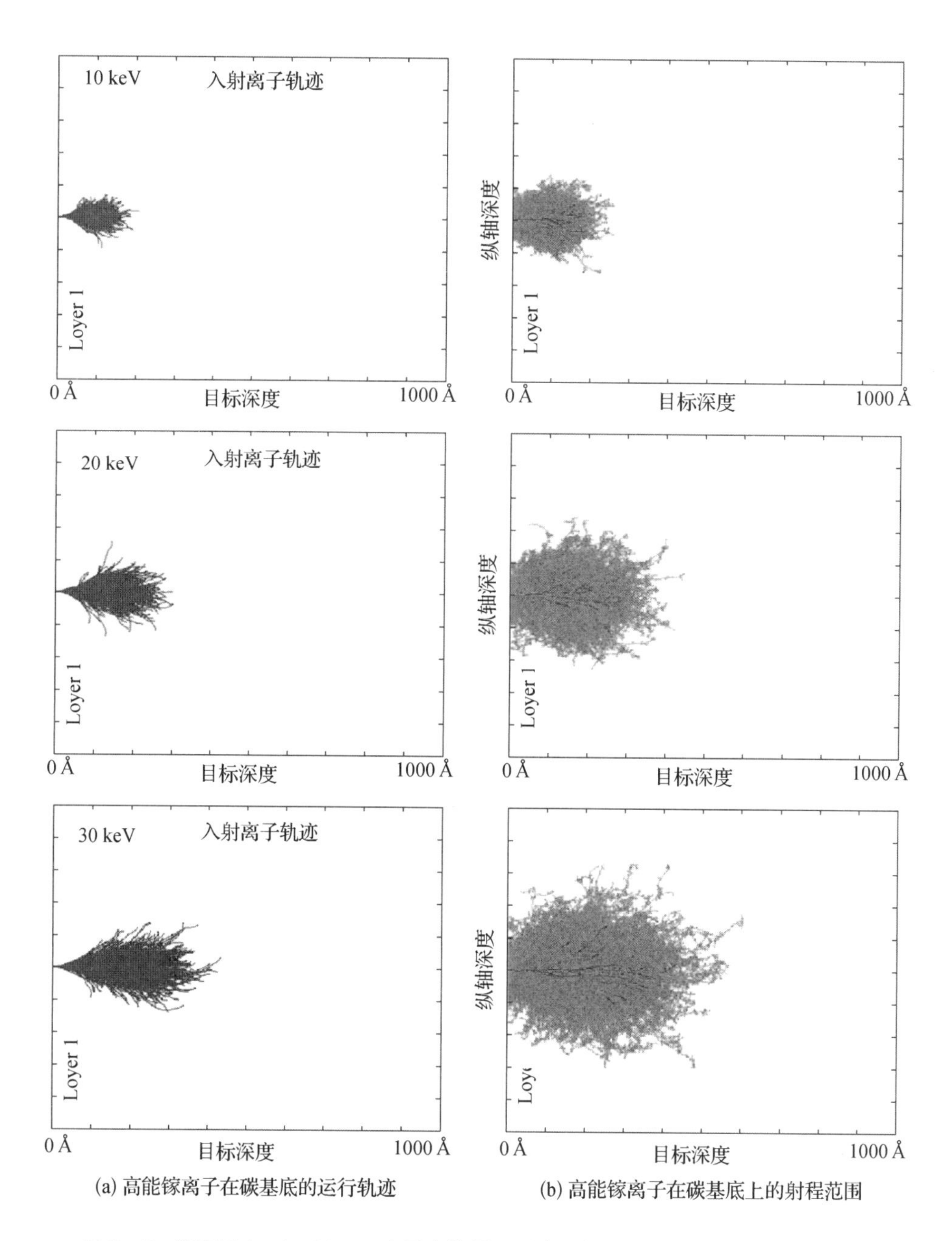

(a) 高能镓离子在碳基底的运行轨迹　　(b) 高能镓离子在碳基底上的射程范围

图 3-5　镓离子在 10—30 keV 离子束能量下垂直溅射到碳基底靶材上的仿真结果

图 3 - 6 所示为溅射产额随入射离子束能量变化的曲线。入射离子束能量在 0—20 keV 变化时，溅射产额呈直线上升的趋势；当入射离子束能量大于 20 keV,溅射产额变化缓慢，稳定在一定的范围内。因此，在实际使用过程中，聚焦离子束系统的能量一般设置在 10—30 keV。

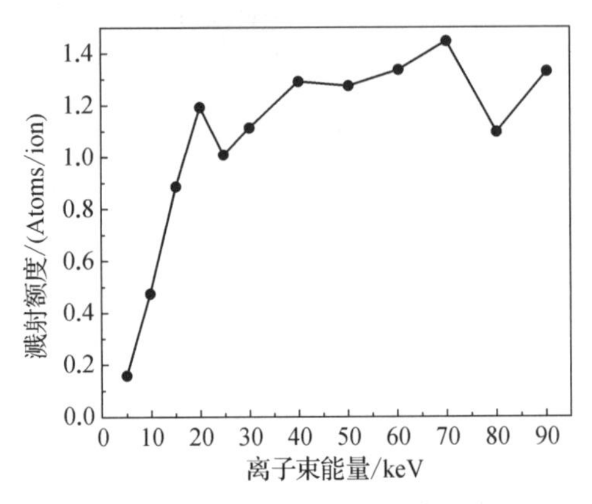

图 3 - 6　溅射产额随离子能量变化的曲线

3.2.2　入射高能离子角度对溅射产额的影响

图 3 - 7 所示为高能镓离子入射角度分别为 30°和 80°时，靶材为硅材料的离子注入和反冲原子运动轨迹的仿真模拟结果。如图 3 - 7（a）所示，随着入射角度的改变，入射离子的运动轨迹也发生明显的倾斜。入射角度倾斜越大，运动轨迹倾斜越明显。如图 3 - 7（b）所示，随着入射离子倾斜角度的增加，反冲原子的位置分布发生明显的倾斜，且反冲原子数量明显增加。

3.2.3　目标材料层数及厚度对溅射产额的影响

图 3 - 8 所示为 30 keV 高能镓离子垂直入射 3 层 Au/Ti/Al 和 2 层 Au/Ti 目标材料的入射离子轨迹和投影入射深度。由图可知，随着目标材料层数

的增加，入射离子的入射轨迹发生明显的变化。多层材料原子结构的不同对离子入射产生的散射能力不同，因此层数的增加会影响聚焦离子束的刻蚀能力。此外，随着目标材料层数的增加，会导致离子产额呈正态分布的变化趋势；当聚焦离子束垂直于层状结构材料进行刻蚀的时候，离子主要分布在第一层和第二层，对之后的层影响相对较小。

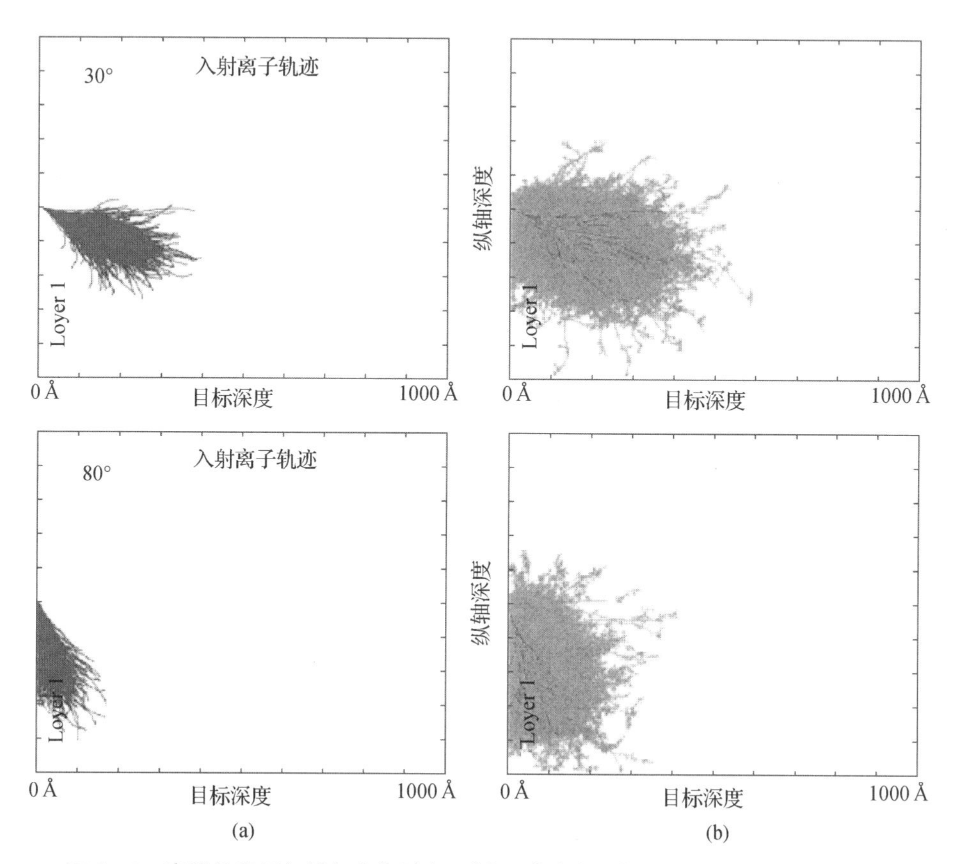

图 3-7 高能镓离子入射角度分别为 30°和 80°时注入离子和反冲原子的位置分布

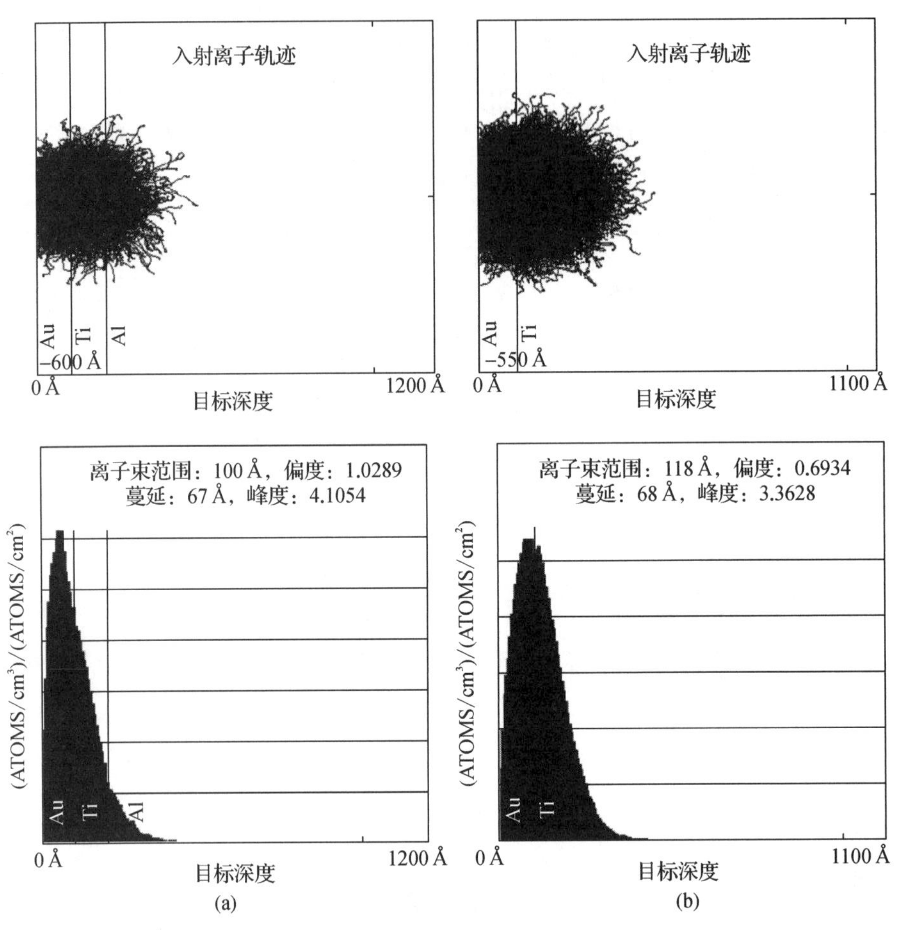

图 3-8　30 keV 镓离子垂直入射不同目标材料层数的离子轨迹和投影入射深度

图 3-9 所示为溅射产额与镓离子束入射角度之间关系的变化曲线。此图表明，镓离子入射到碳靶材上时，溅射产额随离子束入射角度的增加而增加，在离子束入射角为 85°时，溅射产额数值达到最大值。当继续增加入射角度，溅射产额会迅速下降。此外，垂直入射的离子束并不能获得最大的离子溅射产额，这主要是由于沟道效应，垂直入射的离子大量进入靶材深层，导致产生的反冲原子减少，从而使溅射产额降低。

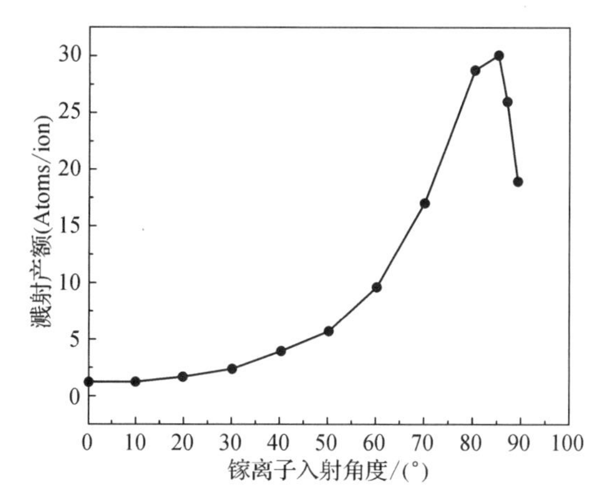

图 3-9　溅射产额随着离子束入射角度的变化的曲线

3.2.4　化学活性气体对溅射产额的影响

化学气体辅助离子束刻蚀是在待加工样品表面上方通入少量化学活性气体，如氯或氟的化合物等，通过离子束的轰击使吸附在靶材表面的活性气体电离成离子，然后与靶材料原子产生强烈的化学反应，形成挥发性气体化合物，进而被聚焦离子束设备的真空系统排走。研究发现，化学气体辅助离子溅射速率比普通离子单纯溅射速率高 5—10 倍（图 3-10）。

此外，聚焦离子束溅射刻蚀区通入某些反应气体，如 Cl_2、I_2、XeF_2 等，能提高溅射产额。少量反应气体的注入可改变靶材表面的束缚能，或反应气体直接与靶材表面发生化学反应。同时，气体注入也可以降低聚焦离子束加工再沉积现象的影响。

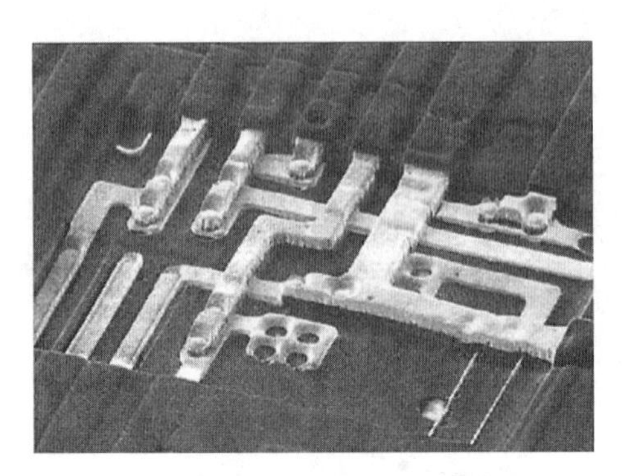

图 3－10　用 XeF_2 作为辅助气体进行聚焦离子束刻蚀加工

3.2.5　溅射原子再沉积对溅射刻蚀效果的影响

当聚焦离子束溅射刻蚀加工深度不断增加，被溅射的原子会不可避免地沉积在孔的侧壁表面，这种现象被称为再沉积。溅射原子再沉积示意如图 3－11（a）所示。再沉积现象在离子束加工高深宽比较大的结构时，表现尤为明显，严重影响加工侧壁的平整度（图 3－11 b）。目前，减小再沉积影响的最有效方法是降低离子束加工时每个位置的停留时间，即采用快速多次重复加工的方法，可有效地将再沉积原子溅射去除（图 3－11 c）。

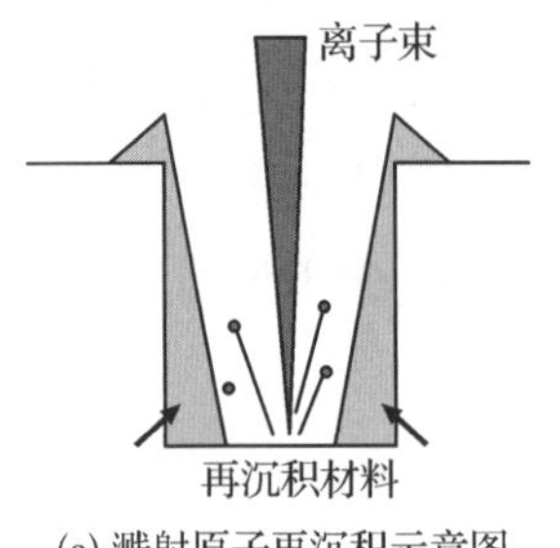

(a) 溅射原子再沉积示意图

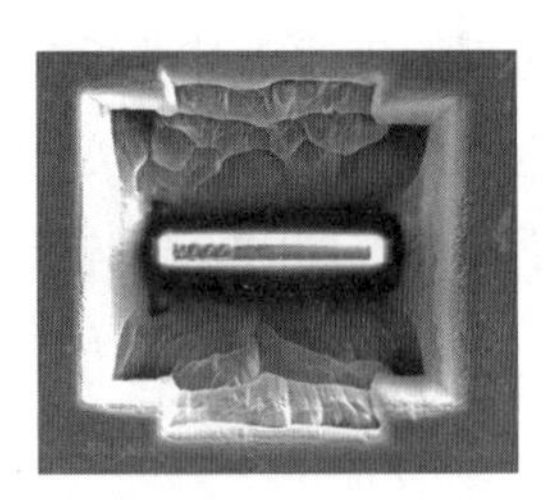

(b) 侧壁再沉积现象

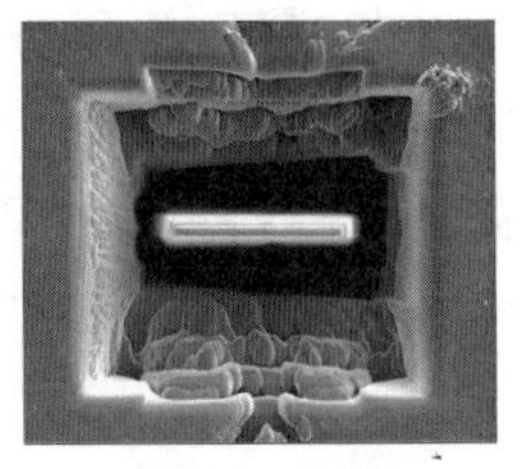

(c) 经多次重复加工后侧壁再沉积现象的消除

图 3－11　聚焦离子束刻蚀加工再沉积现象

3.2.6　聚焦离子束扫描方式加工对溅射刻蚀效果的影响

随着聚焦离子束加工的特征尺寸不断减小，特别是纳米结构阵列，再沉积的影响程度显著增加，包括加工轨迹、扫描方向等。研究者采用光栅扫描加工和螺旋扫描加工两种加工轨迹对比研究，得到的 250 nm 直径、440 nm 周期的光子晶体结构，发现采用光栅扫描加工的纳米孔侧壁存在明显斜率差，而采用螺旋扫描加工轨迹可有效减小再沉积现象对纳米孔的形状、精度的影响（图 3－12）。

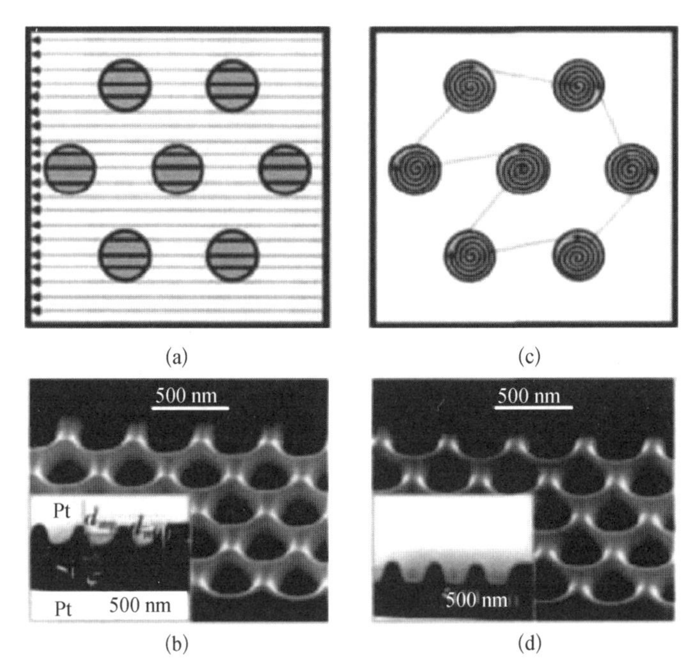

（a，b）光栅扫描加工方式；（c，d）螺旋扫描加工方式

图 3－12　扫描方式对溅射刻蚀的影响

3.3 聚焦离子束的溅射刻蚀总结

离子束刻蚀可分为物理离子束刻蚀和反应离子束刻蚀。

3.3.1 物理离子束溅射刻蚀主要特点

(1) 通常，聚焦离子束采用金属元素作为离子源，其原子量往往较大，如金属镓，其质量远远大于电子，当高能离子束（常为几十 keV）作用到样品时，其能量会传递给样品中的原子或分子，从而产生溅射效应。

(2) 选择合适的离子束电流，可对不同材料的样品进行高速微区溅射刻蚀。

3.3.2 反应离子束溅射刻蚀主要特点

(1) 反应离子束溅射的主要特点与干法腐蚀有点类似，都是将一些卤化物气体直接作用到样品表面，同时在离子束的轰击作用下提高刻蚀速度。

(2) 反应离子束溅射的作用原理是，在高能聚焦离子束的作用下，不活泼的卤化物气体分子变为活性原子、离子或自由基，它们与样品材料发生化学反应，其产物是挥发性的，可以被双束电镜真空系统抽走。

(3) 反应离子束溅射的腐蚀气体本身并不与样品材料发生作用，其在高能聚焦离子束作用下产生电离后，形成活性分子。以此，可对样品表面进行选择性刻蚀（如用氟化物气体腐蚀硅、氯化物气体腐蚀铝等）。

(4) 相较于物理离子束刻蚀，反应离子刻蚀技术具有溅射刻蚀速度快、可实现选择性刻蚀、深孔侧壁的垂直性较好等优势。

3.4　聚焦离子束溅射刻蚀的具体实例

3.4.1　以双束电镜制备透射样品为例溅射刻蚀

3.4.1.1　沉积

1. 电子束沉积

一般来说，聚焦离子束制备 TEM 样品，在 FIB - SEM 双束系统电子束窗口下，高电压条件为 10—30 kV，利用二次电子或背散射模式选择待检测区域；在电子束窗口下，在高电压为 10—30 kV 及电流为 1.3 pA—5.5 nA 的条件下，样品高度为 4 mm，插入铂（Pt）棒，进行电子束沉积（图 3 - 13）。在已选取

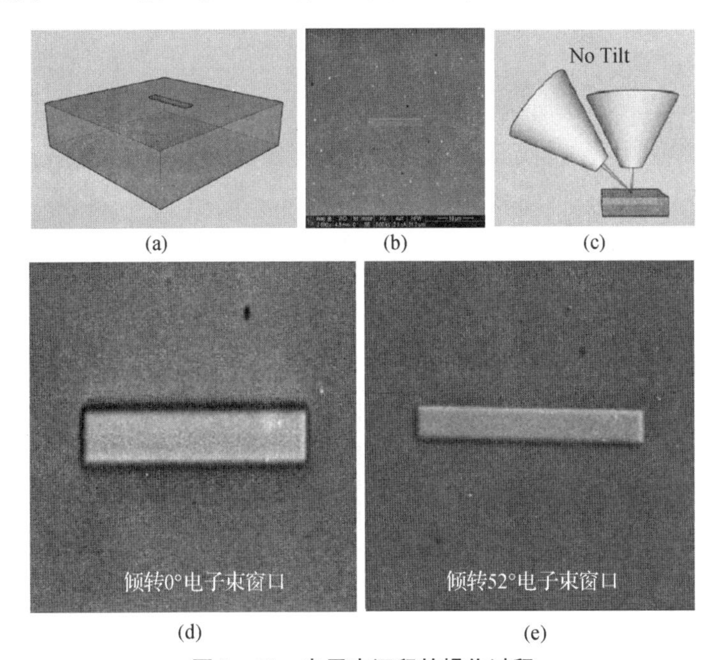

图 3 - 13　电子束沉积的操作过程

的待检测区域表面进行电子束沉积 Pt，沉积厚度为 0.2—0.5 μm，得到位置标定的待检测区域，然后调节电压至低电压 1—5 kV，并重新定位到位置标定的待检测区域；二次电子模式进行电子诱导 Pt 沉积，沉积厚度为 0.2—0.5 μm。

2. 离子束沉积

倾转样品台 52°，于离子束窗口下，在电压为 10—30 kV 及电流为24—80 pA 的条件下，插入铂棒，在位置标定的待检测区域上沉积 Pt，沉积厚度为 0.5—1.5 μm，得到 Pt 保护的待检测区域（图 3－14）。Pt 保护的待检测区域的宽度为 3—5 μm。

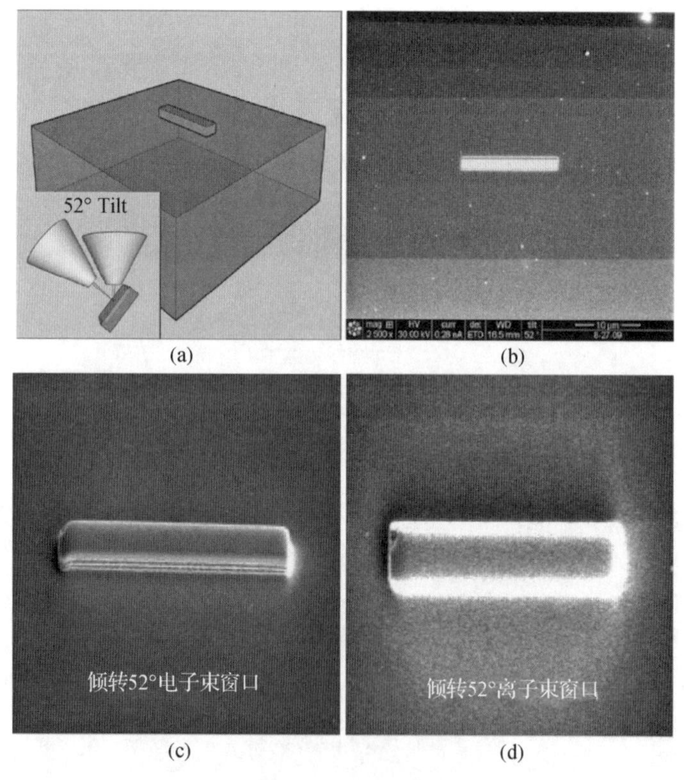

图 3－14　电子束沉积的操作过程

3.4.1.2　粗切与细切

1. 粗切

倾转样品台 52°，于离子束窗口下，在电压为 10—30 kV 及电流为 9.3 nA的条件下，利用离子束在 Pt 保护的待检测区域的外围进行切割，直至切割深度为 5—10 μm，每次切割深度为 0.5—2 μm，每切割 2—4 次后，在 Pt 保护的待检测区域上补充沉积 Pt，得到粗切后的样品（图3-15）。粗切后的样品边缘与 Pt 保护的待检测区域边缘距离为 1—5 μm。

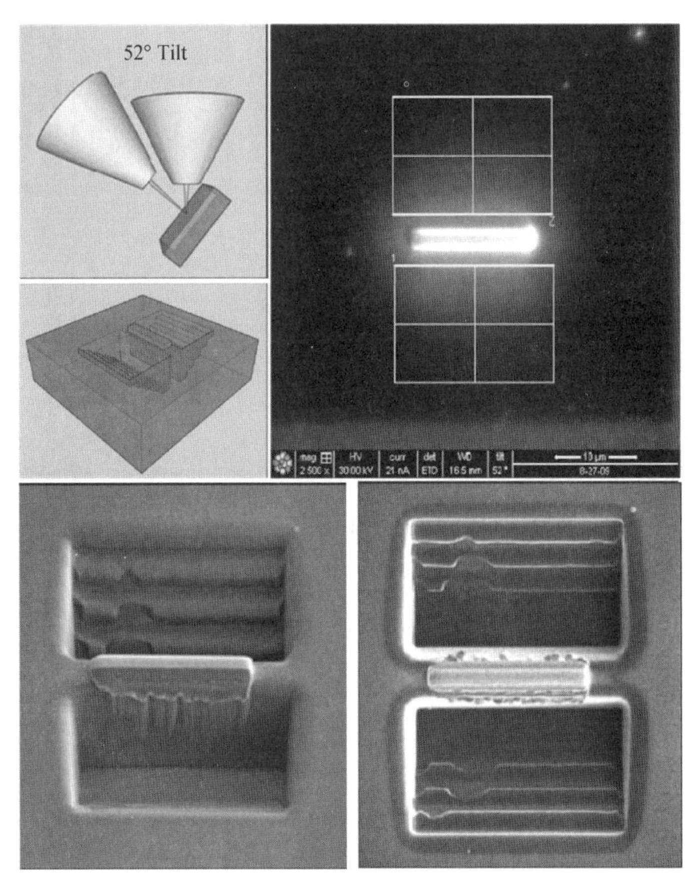

图 3-15　粗切的操作过程

2. 细切

倾转样品台 52°，于离子束窗口下，在电压为 10 kV—30 kV 及电流为 2.5 nA的条件下，利用离子束对粗切后的样品进行多次细切，切割掉 Pt 保护的待检测区域以外的区域，且减小 Pt 保护的待检测区域宽度至 0.5—2 μm，切割深度至 5—10 μm，每次切割深度为 0.5—2 μm，每切割 2—4 次后，在 Pt 保护的待检测区域上补充沉积 Pt，得到细切后侧边平直的样品（图 3-16）。

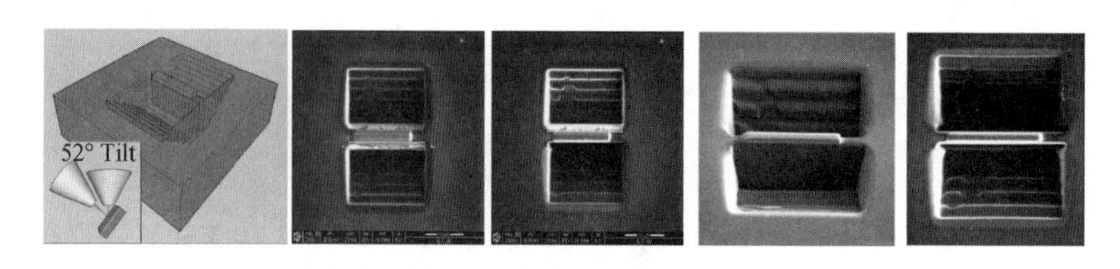

图 3-16　细切的操作过程

3.4.1.3　转移

1. U-CUT

样品台不倾转下进行 U-CUT（在样品底部进行 U 形切割），于离子束窗口下，图像旋转 180°。在电压为 10—30 kV 及电流为0.79—2.5 nA 的条件下，利用离子束在细切后侧边平直的样品底部切割出凹口向上的凹形缺口，且凹形缺口两侧与样品底部两侧形成支撑柱，得到底部凹形细切的样品（图 3-17）。

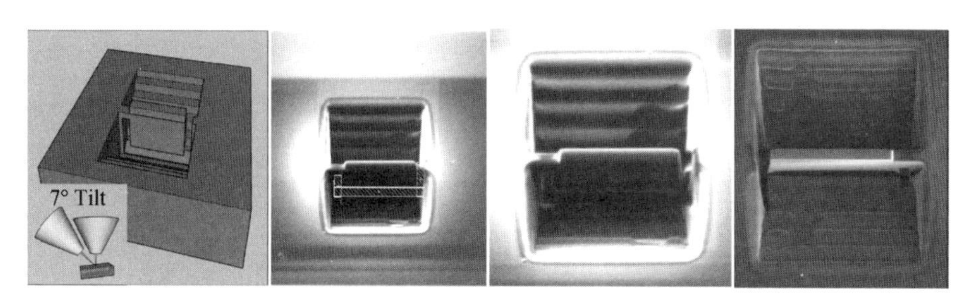

图 3－17　U-CUT 的操作过程

2. 提取

样品台不倾转，于离子束窗口下，电流为 24—80 pA，图像旋转 180°。插入 Pt 棒和 Omniprobe 探针（图 3－18）。将探针与 U-CUT 后的样品一端轻轻接触，离子束电流设定为 80 pA。通过沉积 Pt 将探针和底部凹形细切的样品一端焊接在一起，沉积厚度为 0.3—1 μm。然后将离子束电流设定为 2.5 nA，切开凹形缺口两侧与样品底部两侧形成的支撑柱，切割过程实时观察，切开后立即停止，并将电流改为 24 pA（图 3－19）。提取探针与样品，回到初始位置，退出探针和 Pt 棒（图 3－20）。

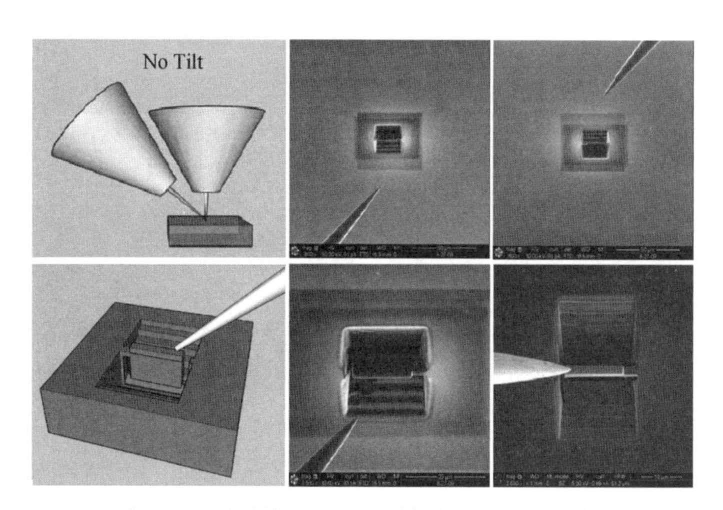

图 3－18　探针与 U-CUT 后的样品一端接触过程

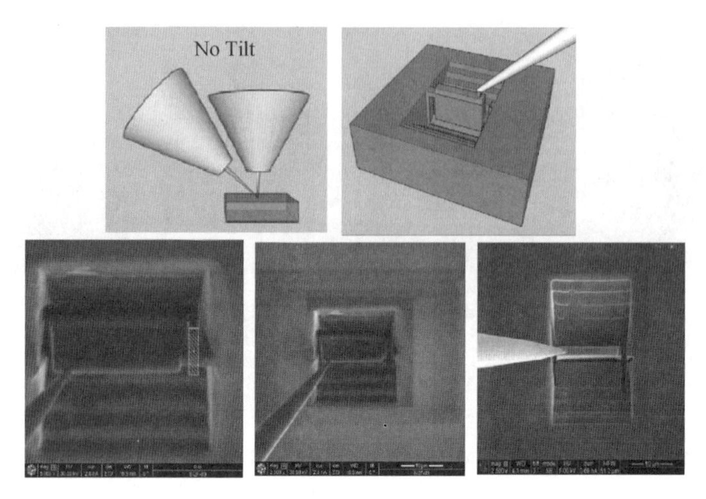

图 3-19　探针与样品连接并分离过程

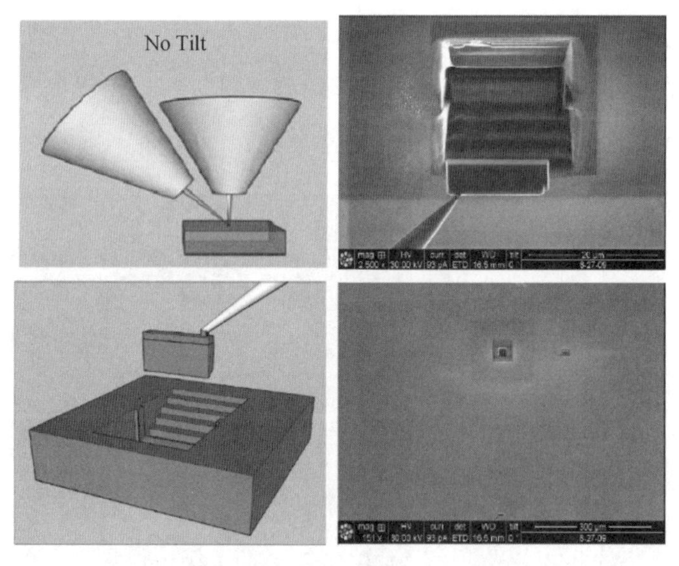

图 3-20　探针与样品提出过程

3.4.1.4　固定与减薄

1. 固定

样品台不倾转，于电子束窗口下找到透射电镜制样的铜支架。于离子束窗口下，电流为 24—80 pA，插入 Pt 棒和 Omniprobe 探针（图 3－21）。将带有试样的探针缓慢接近铜支架，然后离子束窗口下画框，沉积 Pt，将样品固定于铜支架上，沉积厚度 0.5—1 μm。然后将离子束电流设定为2.5 nA，切开样品与探针的连接处，切割过程实时观察，切开后立即停止，随后将电流改为 24 pA（图 3－22）。将探针回到初始位置，退出探针和 Pt 棒。

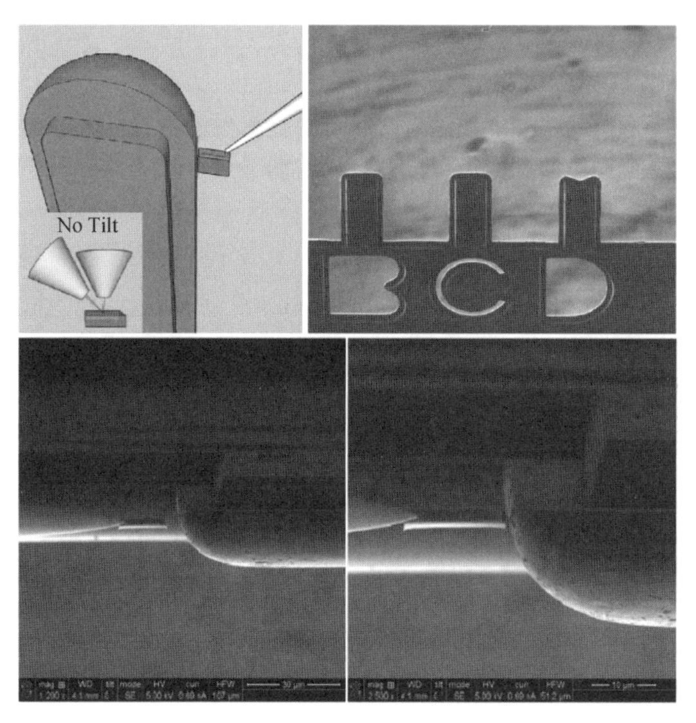

图 3－21　样品固定于铜支架过程

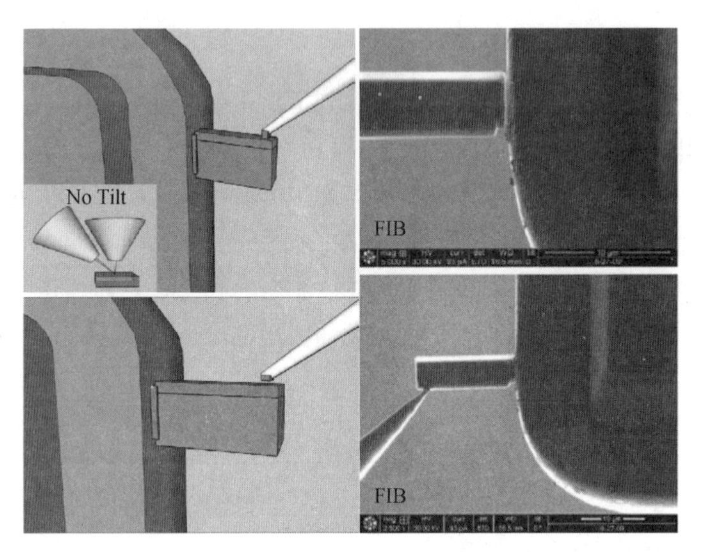

图 3－22　探针与样品分离过程

2. 减薄

倾转样品台 53°—54°，于离子束窗口下，在电压为 30 kV 及电流为 80 pA的条件下，利用离子束对固定后的样品进行减薄，逐次减薄深度为 0.1—0.5 μm,减薄至不超过样品厚度的一半（图 3－23）。倾转样品台 51°—52°，于离子束窗口下，在电压为 30 kV 及电流为 80 pA 的条件下，利用离子束对固定后的样品进行减薄，逐次减薄深度为 0.1—0.5 μm（图 3－24）。依次重复上述两个过程，直至样品厚度达到 100 nm 以下（图 3－25）。

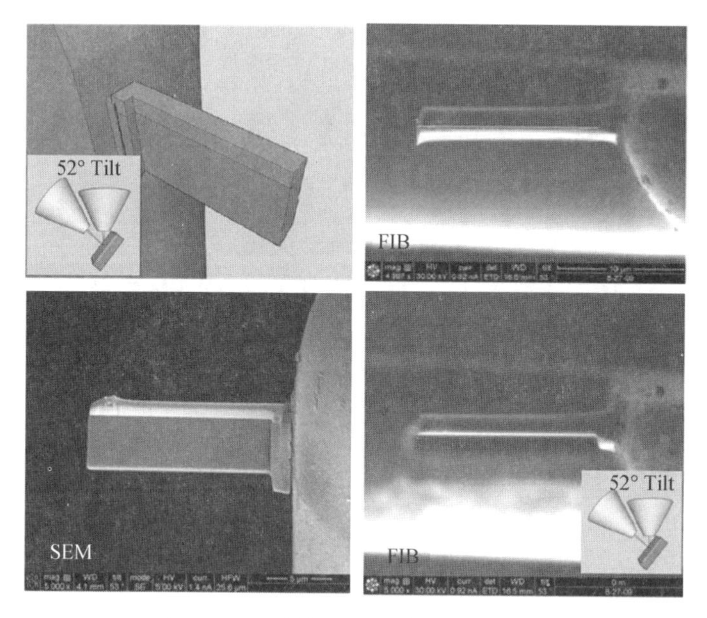

图 3-23　倾转样品台 53°—54°减薄过程

图 3-24　倾转样品台 51°—52°减薄过程

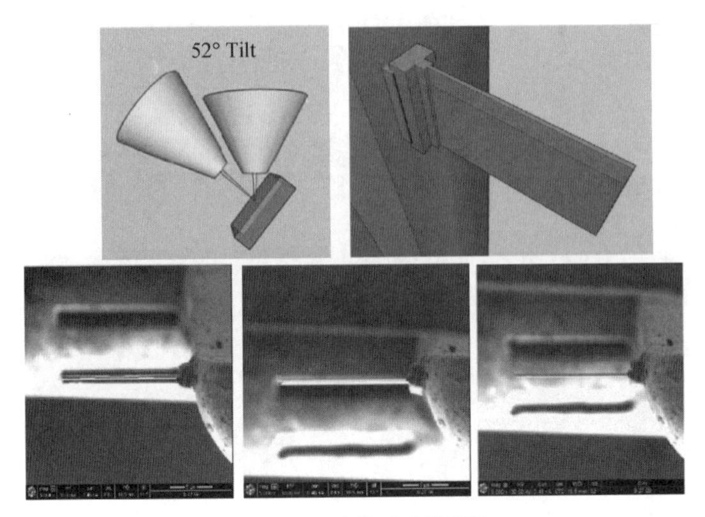

图 3-25　减薄后试样图像

3. 清洗

分别倾转样品台 45°—48°和 54°—57°，于离子束窗口下，在电压为 5 kV 及电流为 24 pA 的条件下，利用离子束对减薄后的样品进行清洗，清洗时间为 1—3 min，清洗后的样品如图 3-26 和图 3-27 所示。

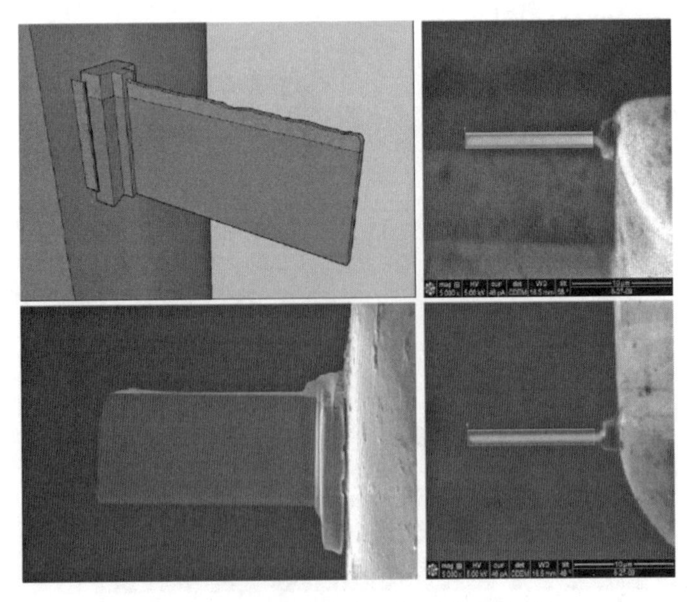

图 3-26　倾转样品台 45°—48°清洗过程

图 3-27 倾转样品台 54°—57°清洗过程

3.4.2 以 TESCAN 电镜制备透射样品为例溅射刻蚀

3.4.2.1 沉积

1. 电子束沉积

如图 3-28 所示，为了避免试样表面被离子束辐照损伤，在离子束加工前需要在试样沉积 Pt 层作为保护层和用来作为标记位置。首先，将扫描窗口的电压调整至 2 kV，将电流调整至 1 nA。将待加工区域调整清楚，然后在待加工区域放置 width＝10 μm、height＝2 μm、thickness＝0.1 μm 的待沉积区域，插入 Pt 沉积棒，点击沉积开始按钮，然后完成保护层的沉积。接下来将电压调整至 5 kV，将电流设置为 300 pA，以上参数将会应用以后所有的操作中，用于 SEM 观察。

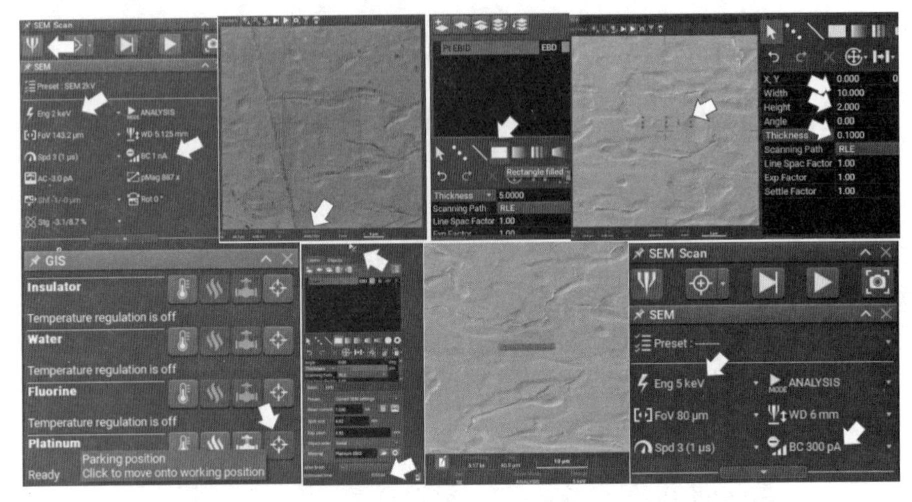

图 3-28　试样表面保护层的电子束沉积过程

2. 离子束沉积

如图 3-29 所示，完成第一步电子束沉积后，点击聚焦离子束打开按钮，完成离子束的打开，将离子束窗口电子设置为 30 kV、250 pA。然后将带有保护层的待加工位置调焦清楚，同时将样品台倾斜 55°，将样品台移动到 FIB-SEM 共焦点位置。在扫描电镜窗口下，将沉积位置移动至扫描视野中心。在离子束窗口中，在电子束沉积位置放置 width＝10 μm、height＝1.5 μm、thickness＝1.5 μm 的再沉积区域。插入 Pt 沉积棒，点击沉积按钮，等待进度条走完，完成离子束沉积层。最后，在扫描电镜窗口下检查沉积层的沉积效果，沉积层应均匀、没有可见的点或线。

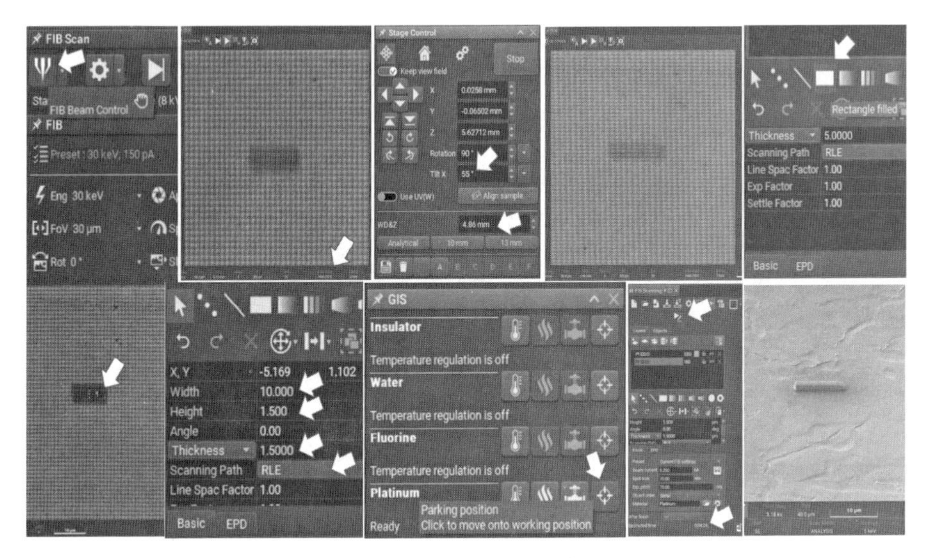

图 3-29　离子束沉积过程

3.4.2.2　挖坑

如图 3-30 所示，完成电子束和离子束沉积即完成保护层的沉积后，将离子束窗口电压调整至 30 kV、电流 20 nA，同时保持样品台倾斜 55°。激活离子束窗口，将图像调清楚。此时只能进行单次扫描，以免损伤保护层和试样。然后在沉积位置两侧放置梯形加工模块，尺寸设置为 width=15 μm、height=10 μm、thickness=5 μm。每个加工模块与沉积位置保持 2 μm左右距离，然后点击开始加工按钮，等待加工时间进度条走完，完成去除区域的加工。为了保证加工深度满足透射分析测试的要求，需要重复几次溅射刻蚀。

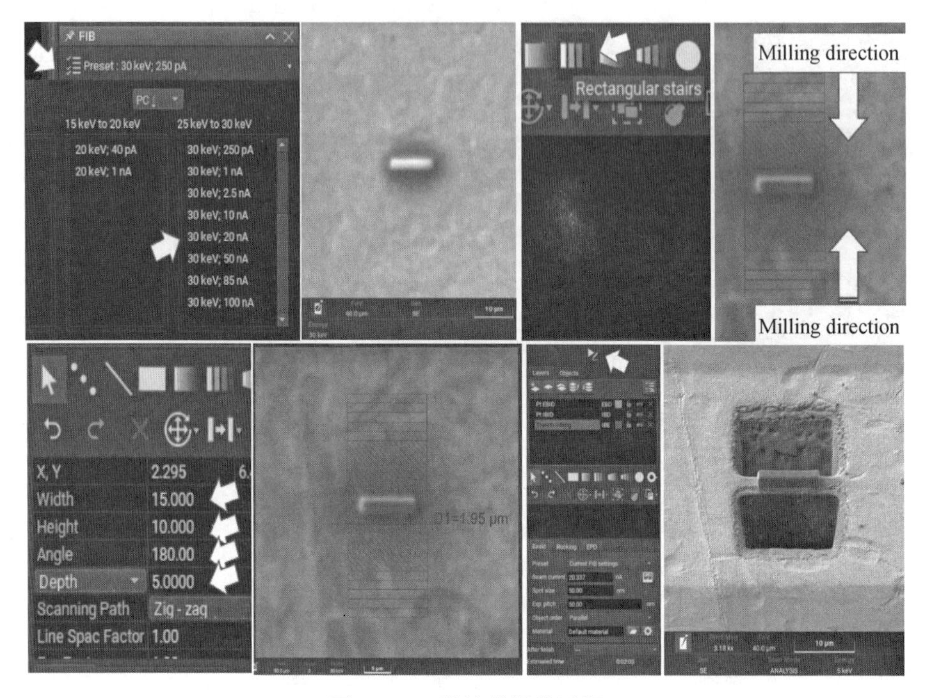

图 3-30　挖坑的操作过程

3.4.2.3　粗抛

完成挖坑后，将离子束窗口电压调整为 30 kV、电流 10 nA，保持样品台倾斜 55°，对加工区域进行单次扫描，调清楚图像。如图 3-31 所示，接下来，在沉积层两侧边缘位置放置 width＝15 μm、height＝1.5 μm、thickness＝3 μm 的抛光模块，抛光方向从外到内。同时，两侧抛光矩形间距离保持在 2—3 μm。点击加工开始按钮，待加工进度条走完，完成一次抛光；重复 2—3 次后，使得薄片厚度为 1 μm 左右。保持薄片内部结构干净没有再沉积现象。

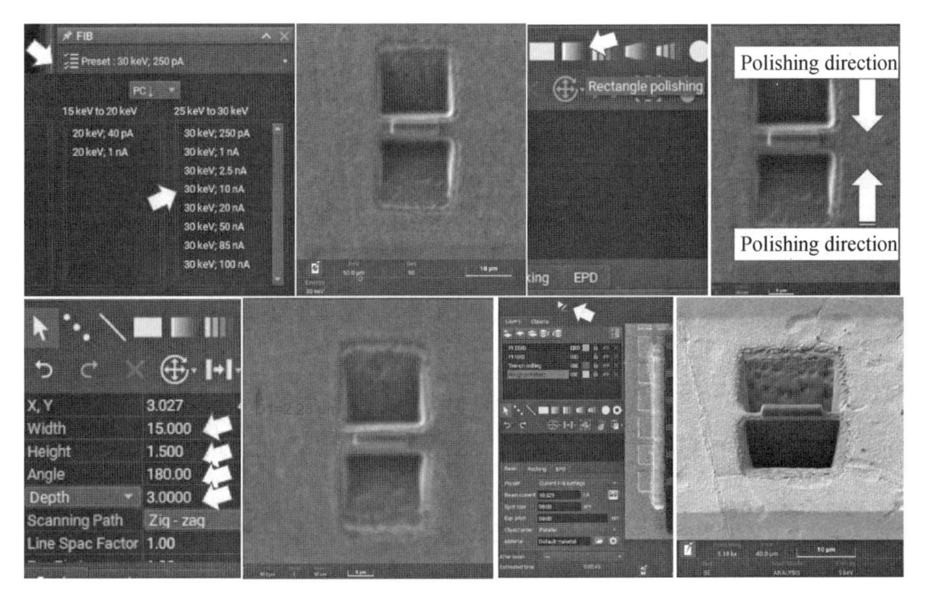

图 3－31　粗抛的操作过程

3.4.2.4　底切

如图 3－32 所示，完成粗抛加工之后，将样品台倾斜至 0°，将薄片在扫描窗口的图像调整清楚，完成单次离子束窗口扫描和调焦工作。然后于离子束扫描窗口分别在薄片底部两侧绘制三个加工矩形。底部加工参数为 width＝15 μm、height＝2 μm、thickness＝5 μm，左侧加工参数为 width＝2 μm、height＝8 μm、thickness＝5 μm，右侧加工参数为 width＝2 μm、height＝5 μm、thickness＝5 μm。然后点击加工按钮，打开扫描窗口实时播放，观察底部和侧面底切情况，当对面沟槽壁上可清楚看到三个切口时，立即停止加工；如果没有观察到，需要重复几次，直到清楚看到切口。

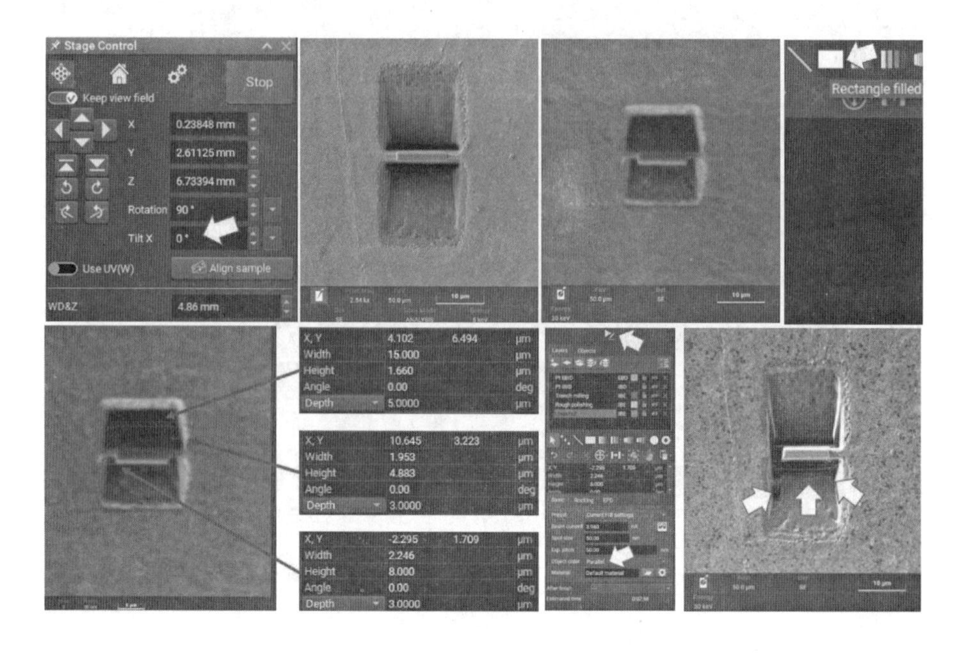

图 3-32　底切的操作过程

3.4.2.5　薄片提取

图 3-33 所示为机械手与薄片的连接操作过程。保持样品台处于 0°，为了避免插入机械手时碰到样品，需要在扫描窗口下将样品台下降至 8 mm。待机械手插入之后，将样品升至共焦点位置。同时，将离子束电压设置为 30 kV,将电流更改为 250 pA。将机械手移动速度设置为 50 μm/s，在扫描窗口和离子束窗口实时观察机械手的移动，使其慢慢靠近薄片。在快接近薄片时，将移动速度调整为 1 μm/s，同时将 Pt 沉积棒插入，直到在离子束窗口和扫描窗口同时观察到机械手已经与薄片接触上，在接触位置放置参数为 2 μm×2 μm 的矩形沉积框，沉积厚度设置为 0.5 μm。点击开始沉积按钮，待进度条完整走完，完成机械手与薄片的焊接。为了保证焊接的牢固性，可重复 2—3 次。在扫描模式下，观察机械手与薄片已完成可靠性连接后，可

随时停止沉积。

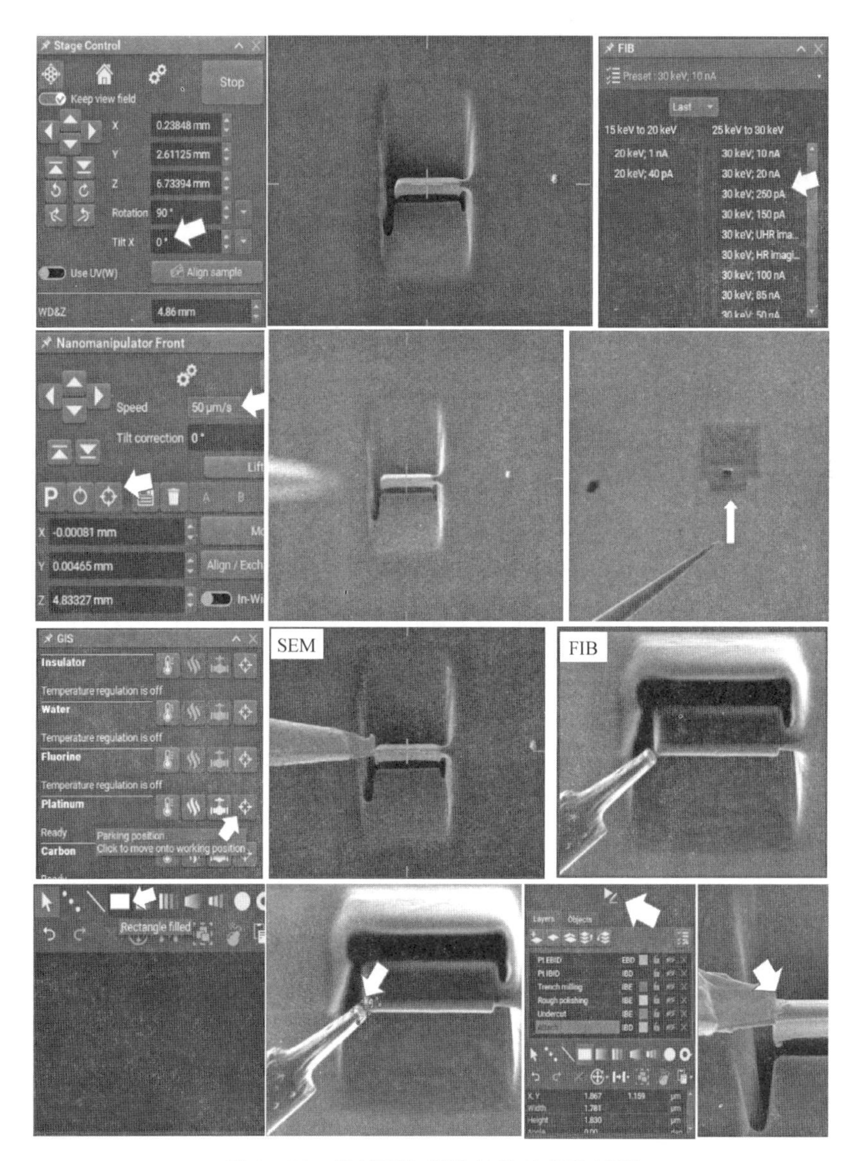

图 3-33　机械手与薄片的连接操作过程

图 3-34 所示为薄片与铜支架的连接操作。完成机械手与薄片连接后，在薄片与试样连接位置放置 width=0.5 μm、height=2 μm、thickness=5 μm,同时将离子束电压调整至 30 kV，将电流设置为 1 nA。然后点击开始加工按钮，待进度条完成，将薄片与试样断开。然后操作机械手 Z 值向上移动按钮，以 1 μm/s 速度慢慢将薄片从试样上取下来，将机械手移动至 stand by 位置，此位置位于 FIB-SEM 共焦点位置以上 300 μm。然后插入 Pt 沉积棒，同时将铜支架移动至扫描窗口中心位置。同时，将纳米机械手调整至工作位置，即 FIB-SEM 共焦点位置。通过在扫描模式下以 1 μm/s 速度操作机械手的 x、y 方向，使得携带薄片的机械慢慢在水平方向慢慢靠近铜支架的侧面位置，然后在离子束窗口操作机械手的 z 方向，使得在 z 方向靠近铜支架待沉积位置。当薄片与铜支架侧面接触后，在接触区域绘制 2 μm×2 μm 矩形沉积框，厚度为 5 μm。点击开始沉积按钮，待进度条走完，完成薄片与铜支架的连接。

图 3-35 所示为机械手与薄片分离操作。在机械手与薄片连接位置绘制 2 μm×2 μm 矩形加工框，厚度为 5 μm，同时将离子束电压调整为 30 kV、电流 1 nA。点击开始加工按钮，同时打开扫描窗口实时观察，当机械手与薄片分离之后停止加工，完成机械手与薄片的分离。完成后操作机械手操作面板，先水平移动，然后向上移动，快速将机械手退出。

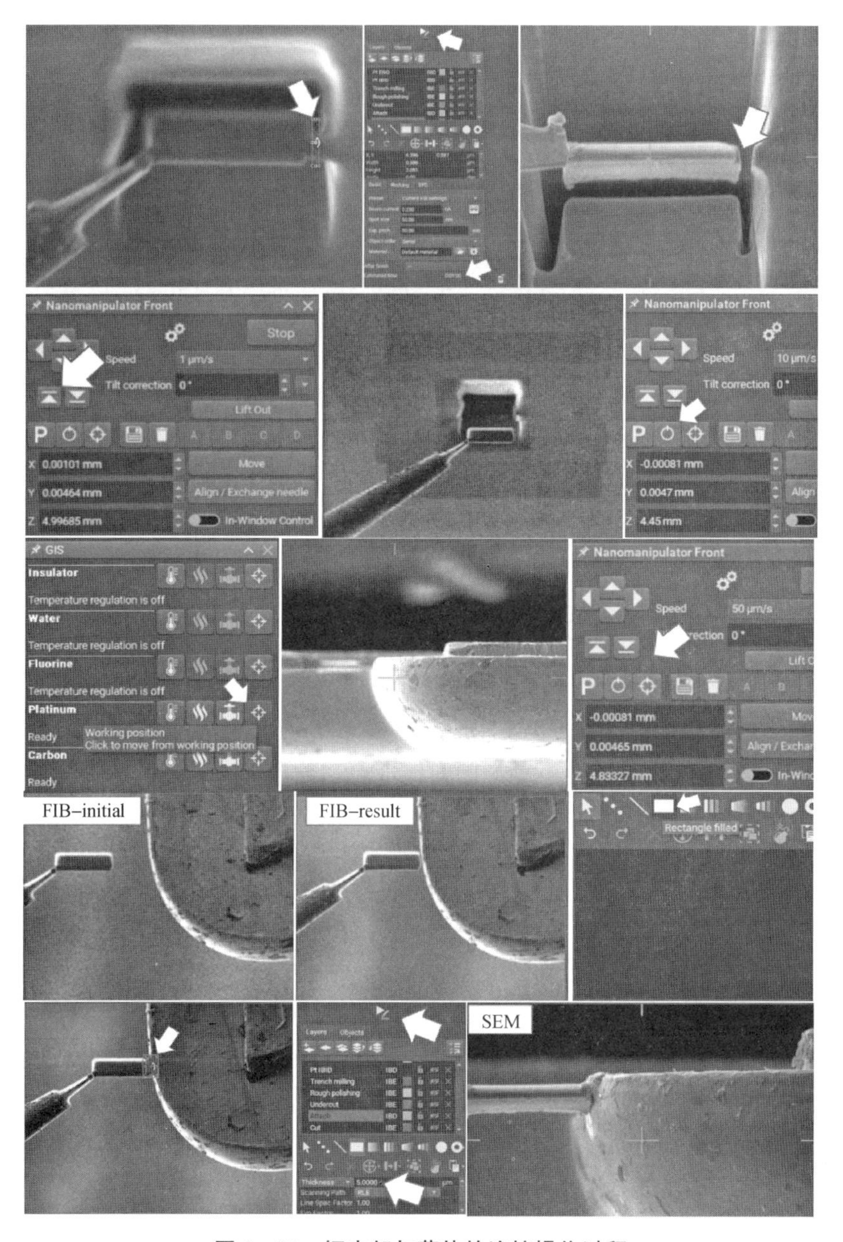

图 3－34　铜支架与薄片的连接操作过程

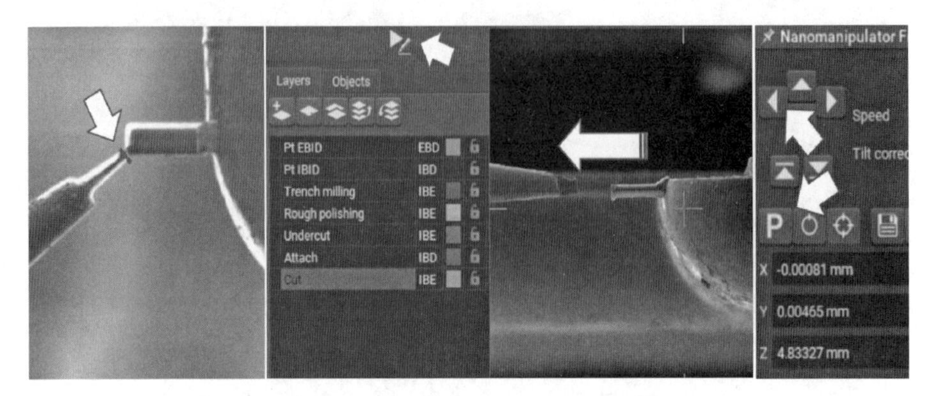

图 3-35 机械手与薄片的分离操作过程

3.4.2.6 薄片减薄

图 3-36 所示为薄片减薄的操作过程。完成机械手的退出之后，将铜支架倾斜 55.5°，让薄片底部多露出一些。将离子束电压调整为 30 kV，将电流设置为 150 pA。在薄片的内侧绘制 width = 5 μm、height = 1 μm、thickness=1.5 μm 的减薄矩形，同时保证减薄矩形位于离子束沉积 Pt 层上。然后点击加工按钮，待进度条走完，完成内侧位置的减薄处理。为了保证薄片两侧均匀性，将样品台倾斜至 54.5°，将减薄矩形旋转 180°，放置在薄片外侧，确定完位置后，点击加工开始按钮，完成另一侧区域的减薄。为了满足透射分析对样品厚度 100 nm 的要求，需要重复以上操作。在扫描电镜 5 kV电压下，薄区几乎呈现透明状态时停止减薄，此时薄片厚度约为 150 nm。

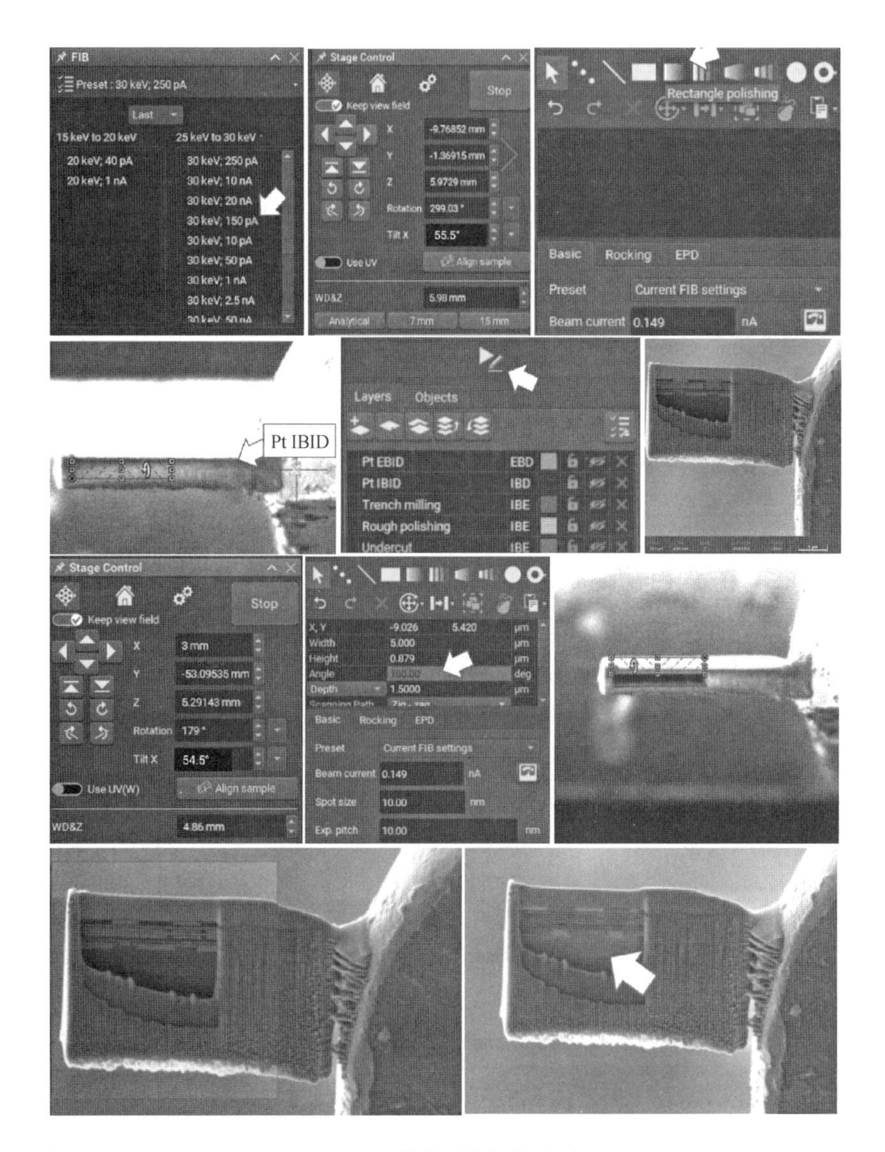

图 3-36　薄片减薄的操作过程

3.4.2.7　低电压吹扫

为了减少薄片上电子束扫描产生的污染，图 3-37 所示为薄片的低电压吹扫操作过程。首先将离子束电压调整至 5 kV、电流 20 pA，样品台倾斜

60°，在薄片内侧绘制 width＝3.5 μm、height＝0.4 μm、thickness＝0.1 μm 的吹扫矩形，且放置位置略低于离子束沉积 Pt 层。点击加工开始按钮，待进度条完成，完成内侧薄片的吹扫处理。此时，将样品台倾斜至 50°，将吹扫矩形旋转 180°，放置在略低于离子束沉积 Pt 层的位置，点击开始加工按钮，待时间进度条走完，完成薄片外侧的吹扫处理。根据需要，可多重复几次，保证样品干净无非晶层。

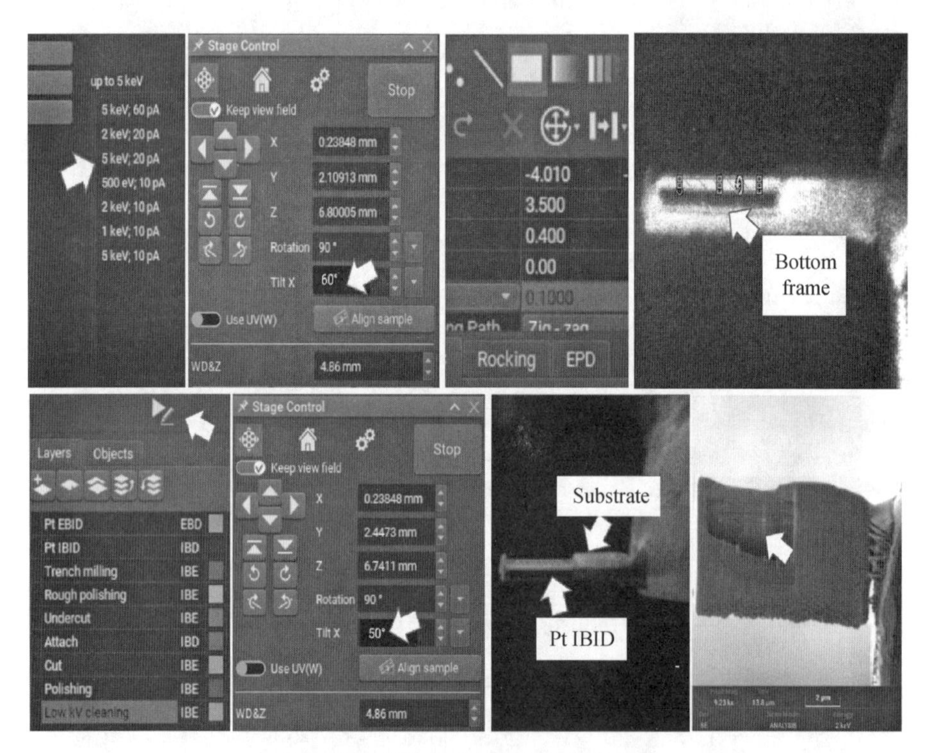

图 3-37　薄片低电压吹扫的操作过程

参考文献

[1] 崔铮．微纳米加工技术及其应用 [M]. 3 版．北京：高等教育出版社，2013.

[2] 房丰洲，徐宗伟．基于聚焦离子束的纳米加工技术及进展 [J]. 黑龙江科技学

院学报，2013，23（3）：211－221.

［3］顾文琪，马向国，李文萍．聚焦离子束微纳加工技术［M］．北京：北京工业大学出版社，2006.

［4］江素华，谢进，王家楫．新一代微分析及微加工手段——聚焦离子束系统［J］．电子工业专用设备，2000（4）：19－25.

［5］陆家和．粒子束和射线与固体表面的作用［G］//中国电子学会半导体与集成技术学会信息光电子学学组，国家高技术光电子器件与微电子光电子系统集成专家组及工艺中心，国家集成光电子学联合实验室．毫微加工：物理、技术、应用．上海，1991.

［6］魏大庆，邹永纯，杜青，等．一种聚焦离子束清理透射电子显微镜光阑的方法与流程：202010067583.5［P］．2020－01－20.

［7］杨政武．基于聚焦离子束的纳米孪晶金刚石微刀具的制备［D］．秦皇岛：燕山大学，2018.

［8］张少婧．基于聚焦离子束技术的微刀具制造方法及关键技术的研究［D］．天津：天津大学，2009.

［9］D. Santamore，K. Edinger，J. Orloff，et al. Focused Ion Beam Sputter Yield Change as a Function of Scan Speed［J］. Journal of Vacuum Science & Technology B：Microelectronics and Nanometer Structures Processing，Measurement，and Phenomena，1997，15（6）：2346－2349.

［10］J. F. Ziegler. Handbook of Ion Implantation Technology［M］. Amsterdam：North-Holland，1992.

［11］J. Melngailis. Applications of Ion Microbeams Lithography and Direct Processing［M］//J. N. Helbert. Handbook of VLSI Microlithography. 2nd ed. Norwich：William Andrew，2001：790－855.

［12］J. Orloff，M. Utlaut，L. Swanson. High Resolution Focused Ion Beams：FIB and its Applications［M］. New York：Kluwer Academic/Plenum，2003.

［13］J. Orloff. High-Resolution Focused Ion Beams［J］. Review of Scientific Instruments，1993，64（5）：1105－1130.

［14］Y. Chen，A. Pépin. Nanofabrication：Conventional and Nonconventional Methods［J］. Electrophoresis，2001，22（2）：187－207.

第四章　聚焦离子束注入与离子束曝光

在使用聚焦离子束进行材料沉积或刻蚀的过程中，高能入射离子束与固体材料的原子之间会发生物理、化学相互作用。这种相互作用不可避免地导致入射离子嵌入材料中，从材料的角度来看，这被视为一种材料损伤，特别是当研究材料的表面性质时，需要特别注意这一现象。然而，从另一个角度来看，这种相互作用也可以被视为对材料的改性作用。通过充分利用高能离子束的物理、化学相互作用，我们能够精确地控制材料的表面和局部性质。此外，如果将离子束聚焦到某些高分子有机化合物上，那么可以实现精确的曝光，这可以带来一系列的应用。因此，这一问题在材料加工和研究材料的内在性质方面具有重要意义。在本章中，将详细讨论这些物理、化学相互作用如何影响材料的性质和结构。同时，还将探讨如何充分利用这一过程以实现对材料的精确改性和表面处理，从而满足各种应用的需求。

4.1　FIB 离子注入

当使用聚焦离子束聚焦到目标材料的表面或内部时，高能离子束在与材料碰撞时逐渐失去能量，与材料内的电子结合形成原子，这一过程被称为离子注入，它允许入射离子穿透到固体材料中。离子注入技术具有广泛的应用，尤其在半导体领域。它可以改变材料的微观结构，从而改变其性质，具体应用如提高材料硬度、修复芯片上的缺陷、增强导电性或增加化学稳定性等。离子注入技术分为传统离子注入和 FIB（离子束刻蚀）离子注入两种主要类型。传统离子注入设备所生成的离子束通常表现出较宽的束斑，其直径可达到数毫米之宽。为了实现在工件表面创建特定的注入模式，必须首先在工件表面制备一层抗蚀剂图案。相比之下，FIB 离子注入设备所产生的离子束通常呈现出较小的束斑，其直径处于微米、纳米级。通过计算机控制可以实现无掩模离子注入。

在 20 世纪 70 年代中期，引入 FIB 设备被视为半导体器件制造中的一项重要创新。它的一个主要应用就是在不需要掩模的情况下进行半导体器件的注入工艺。首先，通过计算机控制，聚焦离子束将杂质注入晶片材料的表面，并以一定的空间分布进行掺杂。这个过程允许精确地控制掺杂剖面和分布，以满足特定半导体器件设计的需求。然后，进行退火处理。在热处理过程中，通过升温材料，促使注入的杂质原子与半导体晶格原子形成具有不同价电位的相互作用，从而激发电荷载流子的生成。这些电荷载流子是半导体器件中电流流动的关键因素，它们可以是电子或空穴，具体取决于掺杂杂质的类型。这种注入过程在半导体器件的制造中非常关键，因为它允许实现特定的电子器件结构和性能，为现代电子工业带来了显著的进步。

为了有效控制离子注入过程，需要简要了解其基本过程。离子注入涉及两个主要阶段的相互作用：初级碰撞和次级碰撞。初级碰撞发生在高能离子束与固体材料表面接触瞬间，这一阶段会引发原子核的位移和材料损伤，但由于 FIB 具有高能量和聚焦性质，初级碰撞通常局限在非常小的区域内。次级碰撞是由初级碰撞引发的，即电子或原子再次与固体中的电子或原子发生碰撞。相对于传统离子注入，FIB 注入中通常涉及较少的次级碰撞，因为 FIB 系统的能量和注入深度通常较浅，在局部性质调控时通常不考虑次级碰撞。离子注入的类型和能量选择将影响初级碰撞的过程，进而影响掺杂的深度和剖面。高能量离子通常能够深入材料，而低能量离子则较浅。碰撞还可分为弹性碰撞和非弹性碰撞。当入射离子传递能量给固体材料中的原子和电子时，这个过程被称为能量沉积。固体原子（核）质量与入射离子质量相近，它们发生弹性碰撞，这导致动能传递到原子的运动中，这一过程被称为动能沉积在原子运动中。固体中的电子质量远小于入射离子质量，因此它们发生了非弹性碰撞，导致部分动能转化为电离激发和辐射等，这一过程被称为动能沉积在电子运动中。不同类型的离子会引发不同的化学反应和深度掺杂效应。控制注入离子的浓度将决定材料的导电性质，因此需要根据材料和处理目标来设计离子注入过程。

在离子注入中，能量沉积速率是一个重要的参数，它表示单位时间内单位面积上的能量沉积，通常以电子伏特每二次方埃秒（eV/Å²s）为单位。能量沉积速率受多个因素影响，包括注入离子的种类、离子束的能量、注入材料的性质以及注入角度等。通常情况下，入射离子质量越重、束流的能量越高，能量沉积速率越大。在某些情况下，能量沉积可能导致材料的辐射损伤，这也会影响能量沉积速率。在具体应用中，工程师会仔细设计和优化离子注入参数，有时借助模拟软件如 Monte Carlo、Marlowe 等来辅助，以确保实现所需的材料性质和结构。

FIB 离子注入装置的典型光学结构如图 4－1 所示。

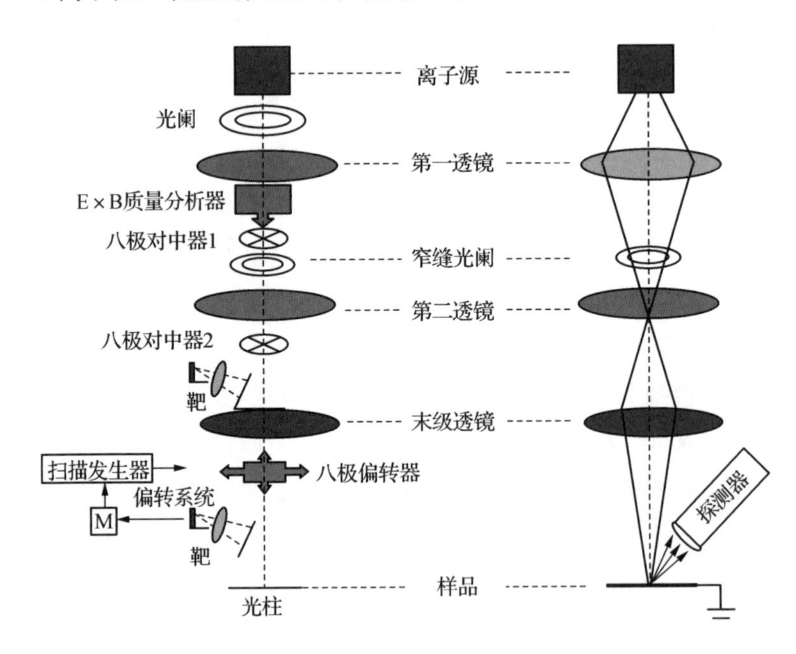

图 4－1　FIB 离子注入光学装置示意图

1. 离子源

离子源是 FIB 离子注入过程中的关键组成部分，其主要任务是生成所需类型的离子并将它们聚集成离子束。传统离子注入和聚焦离子束的离子源构造存在显著差异。传统离子注入采用掩膜方式，因此需要大面积的平行离子束源，通常使用等离子体型离子源。这种离子源是部分电离的气体源，常用的杂质源气体包括 BF_3、AsH_3 和 PH_3 等。典型的等离子体型离子源有效源尺寸约为 100 微米，其亮度在 10—100 A/cm^2sr之间。在工业应用中，电场加速方式通常用于产生等离子体型离子源，尽管电离成分可能不到总离子数的万分之一，但其导电性非常高。相比之下，聚焦离子束需要高亮度且束斑小的离子源，液态金属离子源（LMIS）的发展使聚焦离子束技术成为可能。LMIS 的典型有效源尺寸范围从 5 纳米到 500 纳米，其亮度在 10^6—10^7 A/cm^2sr之间。高亮度意味着在非常短的时间内注入了大量离子，但也可能导致更多的材料表面和晶格损伤以及更多的非晶化。然而，通过适当的高温退火处理，这些缺陷可以部分或完全修复，使单晶结构得以恢复。

研究人员使用二次离子质谱仪（SIMS）进行实验，对比了传统离子注入技术和 FIB 离子注入技术在注入杂质的分布和浓度方面的效果。实验结果揭示，在不同的注入剂量下（7×10^{12}离子数每平方厘米和 7×10^{13}离子数每平方厘米）下，这两种注入方法的效果差异不大。更多的实验证明，FIB 离子注入和传统离子注入都可用于制造硅 MOSFET 和 NPN 晶体管器件，而这两种技术所制造的器件性能相似。这意味着 FIB 离子注入技术可以有效地应用于硅器件的制造，包括电子器件和光电子器件，因此在半导体器件和光器件制造中具有重要的应用潜力。

虽然最早的液态金属离子源（LMIS）使用液态金属 Ga 作为发射材料，但随着多年的发展，LMIS 的发射材料已扩展至 Al、As、Au、B、Be、Bi、Cs、Cu、Ge、Fe、In、Li、Pb、P、Pd、Si、Sn、U、Zn 等材料。在硅器件制造中，通常会使用 B 和 As 等杂质元素进行掺杂，而对于 GaAs 器件，常使用 Si 和 Be 作为杂质元素。这些杂质元素可以通过离子注入工艺引入半导体材料中，有些金属可以直接用作单质源，而有些则需要制备成共熔合金，以将一些高熔点金属转化为低熔点合金，然后通过 E×B 分离器将不同元素的离子分离出来。这些合金离子源中的杂质元素如 As、B、Be、Si 等，可以直接用于半导体材料的掺杂。尽管如今有多种离子源可供选择，但 Ga 因其出色的特性仍然是最常用的离子源之一，甚至在高级应用中也采用同位素级别的 Ga。

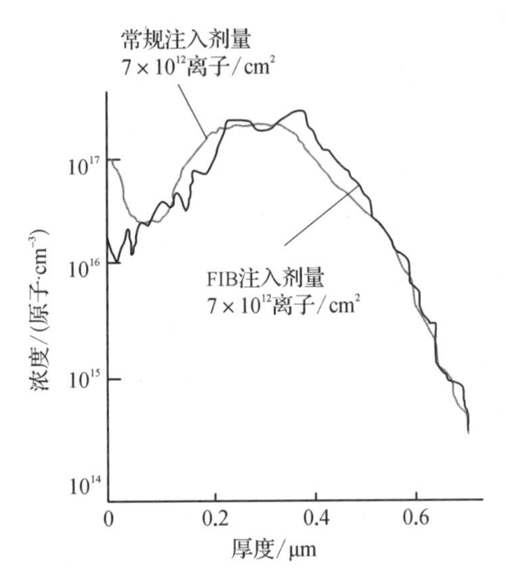

图 4－2　常规离子束和聚焦离子束离子注入浓度和深度对比

2. 质量分析系统

质量分析系统的主要任务是对来自离子源的束流进行质量筛选，这一系统适用于传统的离子注入（用于分离气源中的杂质）以及聚焦离子束注入（用于提纯离子源或分离合金）。在这个系统中，首先通过第一个透镜将来自离子源的离子束进行聚焦，然后将其引入 E×B 质量分析器，这个分析器的 E 和 B 方向是互相垂直的。在系统的分析平面上，还配置了一个光阑片，主要用于对离子进行筛选。E×B 质量分析器要求速度满足 $v=E/B$，将其他离子拦截在光阑外。离子的速度 v 由以下公式确定：

$$\frac{1}{2}Mv^2=qU \tag{4-1}$$

$$v=\sqrt{\frac{2qU}{M}} \tag{4-2}$$

其中，q 表示离子的电荷；U 表示电势差；M 表示质量。上述公式描述了离子速度与其电荷、电势差和质量之间的关系。通过控制电势差和 $E\times B$ 质量分析器的参数，可以选择特定速度的离子进行注入。通常情况下，保持两端电势差 U 不变，这样速度 v 只与离子质量 M 有关。这一特性使得 $E\times B$ 质量分析器能够在离子注入过程中实现对不同质量离子的选择性控制。

3. 透镜系统

透镜系统在离子束的聚焦过程中发挥关键作用。离子源释放的离子束首先通过第一个透镜，通过它实现聚焦，然后进入质量分析器。接下来，离子束穿过第二个透镜，这个透镜通常被称为预加速透镜，其主要作用是调整离子束进入末级透镜时的能量。由于第一个透镜形成的离子源的像位于第二透镜的中心平面上，所以第二透镜几乎不对离子束进行额外的聚焦。在第二透镜和末级透镜之间，事先设置适当的电压比例关系，当调整第二透镜以改变离子束的能量时，末级透镜的电压也会相应地变化，以确保通过末级透镜的离子束保持原始的聚焦状态。这个过程只需要进行微小的聚焦调整。值得注意的是，第一个透镜形成的像位于第二透镜的中心平面附近，这一设计降低了第二透镜的像差系数，因为直径小的离子束更接近理想光学成像，从而提高了聚焦的精度。质量分析器的功能不仅限于质量分析，还起到离子束的闸门作用。

系统中配置了两组八极静电偏转器，一组位于上部光柱，另一组位于下部光柱，它们的主要任务是进行束对中的调整。在末级透镜下方，还有一组八极静电偏转器，负责扫描离子束的 x 和 y 方向，这使得计算机可以控制离子束在工件表面绘制出特定的图案或形状。此外，离子光学柱还包括上部和下部的电子检测器，用于进行光柱的对中和成像。这些组件协同工作，确保了离子注入过程的准确性和精度。

4.2　FIB 离子注入的优缺点

相对于传统的离子注入工艺，FIB 注入带来了许多显著优势。首先，它不需要使用掩模和感光胶层，可以直接在目标区域进行离子注入。这规避了复杂的光刻工艺，简化了制造流程，减少了潜在的污染问题，也大大降低了制造成本。FIB离子注入还具有灵活性，可以在计算机控制下轻松调整束驻留时间和束流能量，实现高度精确的掺杂，有助于提高器件的可靠性和生产率。此外，通过精确控制离子的种类、电荷、能量以及扫描速度，不仅有助于提高器件的可靠性和生产率，还为我们提供了在同一器件上创建具有横向掺杂梯度的结构的机会，这意味着我们可以在单个器件内部实现不同区域的掺杂，进一步优化其性能。更令人兴奋的是，FIB离子注入可以实现在同一晶片上制造不同性能器件的设想，例如制造双极型晶体管、GaAs M区FETS和可调谐Gunn二极管。这种灵活性将推动半导体制造的创新，并有望在电子行业中带来更多突破。高度可控的离子注入技术为未来的电子设备设计和制造提供了令人激动的可能性。在原型器件开发阶段，研究人员可以充分利用FIB注入技术，以确定合适的注入参数，而不必逐片或逐批更改这些参数。这种灵活性极大地提高了实验的便捷性和效率，使得新器件的研发变得更加容易。此外，简化的工艺流程也缩短了研发和生产周期，使产品能够更快地推向市场。值得注意的是，FIB离子注入可以与其他设备集成。例如，传统的分子束外延（MBE）在材料生长中难以实现准确的掺杂，但与FIB结合使用，可以制造出具有三维掺杂结构的器件，这进一步扩展了其应用范围。（图4-3、图4-4）

图4-3　分子束外延（MBE）设备，广泛用于生长半导体材料

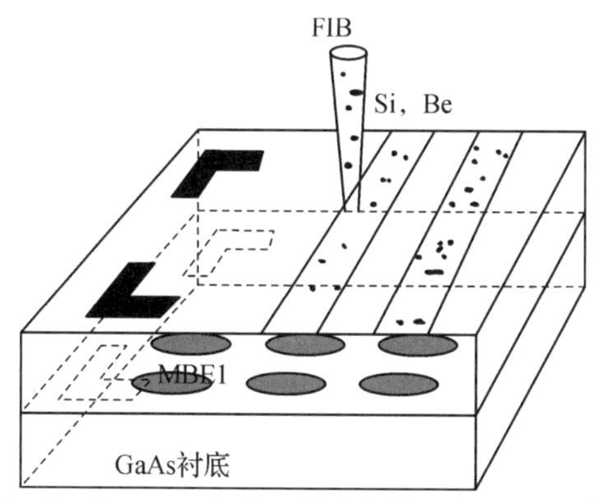

图 4－4　FIB 和 MBE 集成，用以生长双层 Be、Si 掺杂结构

然而，FIB 离子注入技术也存在一些缺点，限制了其在集成电路生产线中的应用。FIB 离子注入的生产率较低，难以实现大规模批量生产。通常，这些离子源采用合金制备，比如 Au-Si-Be 源和 Pd-As-B 源。相对于传统的 Ga 离子源，这些离子源更为复杂，而且工作稳定性不如后者。此外，FIB 离子注入系统的结构也相对复杂，其运行和工艺操作相对于传统离子注入来说更加复杂和具有挑战性。

总的来说，FIB 离子注入作为一种独特的加工方法，在新型器件和特殊器件的研发中具备广泛的应用潜力，其也存在一些缺点，在大规模批量器件生产中受到了限制。不过，值得指出的是，每当 FIB 离子注入技术的某一优势被验证时，通常也可以通过改进传统离子注入工艺来实现类似的效果，这也是限制 FIB 离子注入技术在生产应用领域发展的因素之一。然而，在特定应用场景下，FIB 注入技术仍然具备重要价值。例如，在那些生产效率不是首要考虑因素的应用中，FIB 注入技术能够发挥更多优势；对于需要较低注入剂量或较小注入面积的情况，FIB 注入技术相对简单而高效。举例来说，在 MOS 晶体管或 GaAs MESFET 的通道注入中，由于注入面积较小，通常只需处理每平方厘米 10^{11} 到 10^{13} 个离子数；一些需要低剂量注入的应用，比如 AID 转换器阈值调整，FIB 技术是一个适当的选择。最重要的是，FIB 技术在新器件开发方面具有广泛的发展前景。可以看到，FIB 设备在众多半导体测试厂家和科研机构的研究中发挥着关键作用，为新器件的研发和发展提供了重要的支持。这种高度可控的加工技术将继续推动半导体行业和电子领域的前进，为未来的科技进步开辟了新的道路。

4.3　FIB离子束注入技术实例

在这里，我们用一个基础的例子展示FIB如何实现离子注入。使用的设备是ThermoFhisher Helios G4 CX（200 V—30 kV，1 pA—100 nA）。衬底材料为Si晶体，离子源为Ga，设置参数加速电压30 kV、电流24 pA。选择区域（图4-5虚线框）进行加工，加工时长1 min。加工完之后，为了研究Ga离子的注入情况，我们进行了EDS（Energy Dispersive Spectrometer）元素能谱分析，结果如图4-5所示。

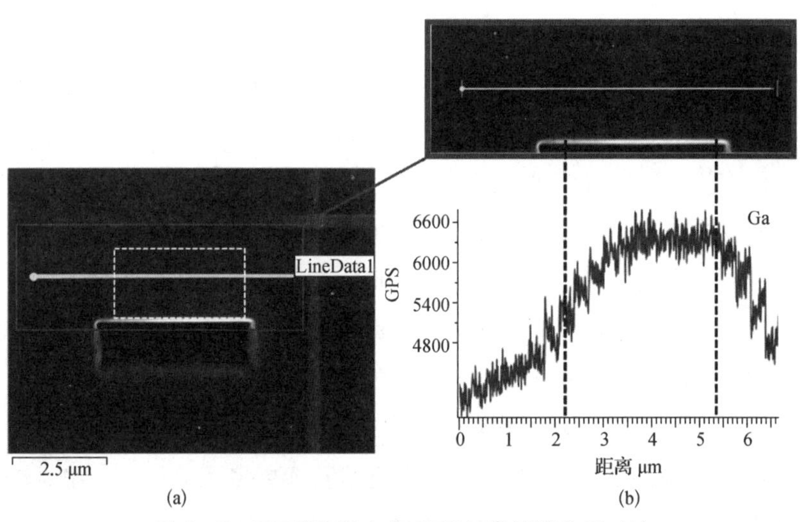

图4-5　FIB离子注入与EDS元素能谱分析（1）

在图4-5中，(a) 离子注入技术展示。固体材料为Si，在虚线框内使用Ga离子源进行FIB离子注入，束流参数是30 kV、24 pA、1 min。放大图像展示了离子注入范围的边界。(b) EDS结果显示了Ga元素分布。曲线的横轴为位置 μm，纵轴为EDS每秒计数CPS（counts per second），清晰地展示了 Ga 分布与离子注入范围的联系。

（1）FIB 进行离子注入操作简单、工艺简短，直接放入材料即可实现加工。

（2）FIB 离子注入可以做到微米级尺度上的准确定位和操作加工。

（3）使用 FIB 进行离子注入，加工边界处 Ga 离子浓度存在梯度，与设备加工内置程序和离子束性质有关。

（4）使用了 Ga 离子源，实际上如果配备多离子源的 FIB 系统，可以进行切换，从而实现多离子、多位置、高精度的灵活注入。

为了展现效果，我们采用了较大的束流，这样刻蚀效果就非常明显。当我们降低束流（图 4－6），就会观察到注入的 Ga 离子浓度降低，刻蚀效果也相应减弱。因此，对于不同的离子注入需求，束流参数的选择至关重要。这也凸显了 FIB 离子注入技术的便捷和简易性，因为它使确定理想参数变得更加容易。在实际应用中，正确调整束流参数可以精确地控制离子注入的深度、浓度和分布，从而实现所需的器件特性。这种灵活性对于半导体行业和材料研究领域至关重要。FIB 离子注入的适应性和可控性使其成为了材料加工和半导体器件制造中不可或缺的工具之一。这种技术的快捷和简易性为研究人员和工程师提供了极大的便利，促进了科学和技术领域的进步。

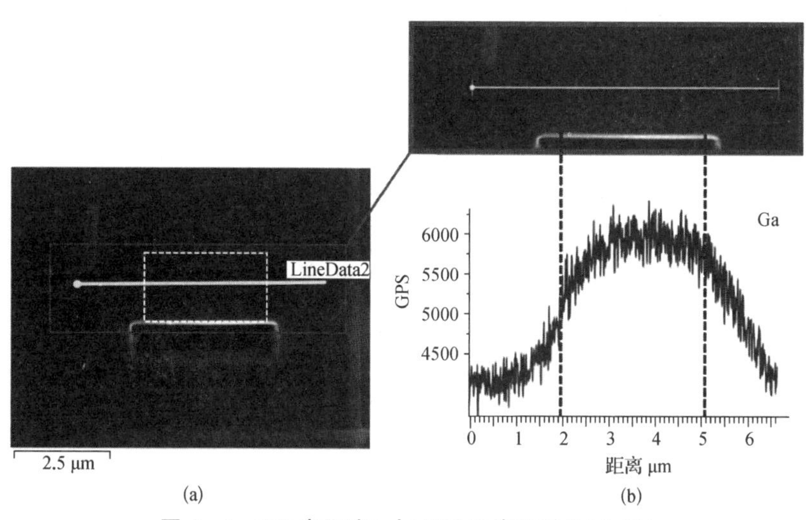

图 4－6　FIB 离子注入与 EDS 元素能谱分析（2）

与图 4-5 类似，不同点在于使用的束流参数是 30 kV、7.7 pA、1 min。更低的束流显示出更模糊的边界的衬度，也意味着刻蚀效应的减弱。

4.4 FIB 离子束曝光

离子束技术具有一个重要的应用领域，它可以用于引发某些高分子有机化合物发生交联或降解反应。这一特性使得离子束技术成为了抗蚀剂曝光处理中非常有效的工具。通过将离子束聚焦在特定的高分子材料上，可以实现控制性的交联或降解反应，这种能力在微电子和生物医学领域中尤为重要。FIB 离子束曝光是一种通过 FIB 离子注入来实现的加工过程。该过程和 FIB 离子注入类似，只是最终聚焦处换成涂有抗蚀剂的工件表面。通过计算机控制束偏转器和开关，可以精准绘制所需的图案。

4.4.1 FIB 离子束曝光的优点

离子具有较大的质量和元素特性，与电子束曝光相比，离子束曝光具有一些独特的特点，颇具优势。

1. 高图形分辨率

由于离子的质量远大于电子，因此离子束的波长远短于电子束，从而减小了衍射效应。这使得离子束曝光能够实现极高的图形分辨率，这对于制作微小尺度的图案和结构非常有利。此外，离子束与固体材料相互作用时，其传输性质与电子束有所不同。当离子束入射到抗蚀剂固体表面时，它会与固体原子碰撞，将大部分能量快速传递给固体原子。因此，离子束在固体中的传输距离相对较短，其作用范围有所限制。相反，电子束在相同的情况下需要多次碰撞才能停下来。这种不同导致了离子束在入射点周围产生曝光效应的范围要小得多，因此具有更高的分辨率。这意味着我们可以更精细地控制材料的加工和处理，创建微小的结构和图案。在微电子制造中，高分辨率的离子束可用于制作微细电路元件和导线，这对于高性能芯片的制造至关重要。

2. 曝光速度快

离子束曝光在处理抗蚀剂时具有明显的优势，这源于离子的质量和其能量传递方式。由于离子质量较大，它们可以在较短的距离内将能量迅速传递给抗蚀剂分子，触发交联、降解等反应。因此，相较于电子束曝光，离子束曝光通常表现出更高的灵敏度，差距可达两个数量级。这种高速曝光的特性使得离子束技术在需要高效率和迅速加工的领域中备受青睐。举例来说，在半导体制造中，对芯片进行高分辨率图案定义是至关重要的，离子束曝光在这方面是一个理想的选择。离子束曝光还在生物医学和材料科学等领域广泛应用，因为它能够实现微观尺度的精确控制，有助于研究和开发新型材料和生物医学器件。

此外，离子束曝光具有出色的曝光宽容度，这一特点非常重要。它意味着离子束能够被聚焦到需要曝光的极小区域内，而不会对周围区域造成影响。这就导致了曝光的特征尺寸受曝光剂量的影响较小，即使剂量有轻微的变化，也不会显著影响加工结果。在大规模生产中，这种良好的曝光剂量宽容度变得尤为重要。它意味着制造商可以更容易地维持一致的生产流程，减少了因剂量变化而引起的生产差异。不仅提高了产品的成品率，还有助于降低生产成本，因为废品和需要再加工的变得更少。这使得离子束曝光成为许多高精度和大规模制造过程中的关键工具。

3. 无抗蚀剂曝光

无抗蚀剂曝光是一种特殊的曝光工艺，它与传统的微电子制造工艺中需要使用抗蚀剂的方式不同。在微电子制造工艺中，曝光工序通常需要在工件表面涂布抗蚀剂，然后经过一系列工艺步骤，如前烘、曝光、显影、后烘、工艺处理（刻蚀）以及去除抗蚀剂（去胶）等，才能制作出通透的器件图形。而无抗蚀剂曝光则是一种简化的曝光工艺，它省去了使用抗蚀剂和与抗蚀剂相关的多道工序。在这种工艺中，可以直接对工件表面进行曝光，不需要预先涂布抗蚀剂，大大简化了曝光工序，减少了制造工艺的复杂性，提高了生产效率。

4.4.2 FIB 离子束曝光的缺点

离子束曝光具有多项优点，但也存在一些电子束曝光所不具备的问题。

1. 对衬底材料的损伤

虽然只有极少部分离子能够穿透抗蚀剂并影响到衬底材料，但这些离子具有一定的能量，可能在一些情况下对衬底材料造成潜在的损伤。这种损伤对于器件的性能可能会有不同的影响，具体取决于应用领域和材料的特性。在某些应用中，这种损伤可能是可以容忍的，例如在制作硅集成电路门电路时，抗蚀剂通常覆盖在不敏感的多晶硅或氧化层上，而敏感的部分则不受离子束的照射，因此器件性能不会受到重大影响。然而，在其他情况下，如制造 GaAs M 区 FET 器件时，抗蚀剂通常会覆盖沟道区域，这就需要采取措施来减轻或避免离子束照射造成的损伤。这些措施可以包括增加一层牺牲层以保护敏感区域，或者在离子束曝光后进行适当的退火处理来修复潜在的损伤。

2. 曝光速度有限制

因为抗蚀剂对离子束非常敏感，所以离子束在曝光点上的停留时间必须非常短。这个停留时间实际上由离子束的扫描速度决定，但目前的离子束系统的束闸和束偏转器无法实现如此高的扫描速度。通常使用的电子束曝光和离子束曝光系统的扫描速度范围从几兆赫到几十兆赫，然而，离子束曝光需要更高的速度来实现最佳效果。因此，为了充分发挥抗蚀剂的高灵敏度特性，需要研发具有更高扫描速度和更高束通断速度的离子束系统。这也是离子束技术的一个重要发展方向。

FIB 离子束曝光虽然具备前文提到的多项优点，但尚未得到广泛的应用，与电子束曝光技术相比，电子束曝光技术已经在实验室和一些半导体生产线上取得广泛的成功应用。这种差异的出现可以归因于多个因素。首先，电子束曝光技术的发展历史较长，技术相对成熟，相关设备已经相对完善，并且得到了广泛的认可。相比之下，离子束曝光技术相对较新，技术成熟度不如电子束曝光。其次，离子束曝光技术目前仅有一种稳定可靠的离子源，即Ga液态金属源，而发射轻离子的Be-B合金源在可靠性上尚未达到工业化水平。第三，离子束曝光过程中需要进行位置对准，这通常是通过离子束穿透抗蚀剂层下的标记来获取位置信息。然而，与电子束相比，离子束的穿透能力有限，这为实现准确的位置对准带来了一些技术挑战。特别是在微纳米级别的加工中，位置对准的精度至关重要，需要更复杂的设备和技术来确保精确的位置对准。为了应对这些挑战，研究人员一直在不断改进离子束技术。他们开发了更高扫描速度和更高束通断速度的离子束系统，以提高生产效率。同时，他们研究了更精确的位置对准方法，包括使用更先进的探测器和反馈系统，以实现实时的位置调整。

总的来说，聚焦离子束技术在离子束注入和曝光方面表现出卓越的特性，尽管存在一些挑战，但是FIB仍然具有广泛的应用潜力，特别是在高精度加工和器件研究领域。通过不断的创新和改进，我们可以期待离子束注入和曝光在未来发挥更重要的作用，为各种领域的应用提供支持。

参考文献

［1］成都中冷低温科技．离子和离子注入系统［EB/OL］.（2022-11-07）（2023-10-01）．https：//zhuanlan.zhihu.com/p/581040195? utm_id=0&wd=&eqid=dcf95e7500105a020000000264895e04.

［2］房丰洲，徐宗伟．基于聚焦离子束的纳米加工技术及进展［J］．黑龙江科技学院学报，2013，23（3）：211-221.

［3］顾文琪，马向国，李文萍．聚焦离子束微纳加工技术［M］．北京：北京工业大学出版社，2006.

［4］于华杰，崔益民，王荣明．聚焦离子束系统原理、应用及进展［J］．电子显微学报，2008（3）：243-249.

［5］S. Reyntjens，R. Puers. A Review of Focused Ion Beam Applications in Microsystem Technology［J］. Journal of Micromechanics and Microengineering，2001，11（4）：287-300.

第五章　聚焦离子束在集成电路中的应用

聚焦离子束技术的发展是和集成电路的发展是分不开的。在最初阶段，聚焦离子束技术主要用于修复光刻掩模版的缺陷，此后，随着聚焦离子束技术的不断发展，其已经成为现代半导体集成电路中不可或缺的工具，除了光刻掩模版修复外，在材料分析、制程监控、芯片修复与修改、失效分析、线路分析等方面也得到了广泛的应用。

1. 光刻掩模版修复

光刻是集成电路及微纳结构制造中最重要的加工工艺，直接影响芯片的尺寸及性能。掩模版是光刻工艺中图形化转移的关键工具，对光刻工艺的质量具有决定作用。掩模版主要由透明的基底和遮光层组成。在掩模版制作过程中，各种不可测因素可能导致掩模版出现缺陷，这些缺陷会对后续的生产带来严重的损失。FIB 由于具有高精度的刻蚀及沉积能力，因此被成功用于多类型掩模版缺陷的修补，包括传统的二元掩模版（Binary Intensity Mask，BIM）、相移掩模版（Phase Shift Mask，PSM）、X 射线掩模版等。掩模版缺陷中最常见的是图形的缺陷，通常包括不透明和透明两种缺陷。对于不透明缺陷可以采用 FIB 刻蚀工艺去除多余的不透明颗粒；对于透明缺陷可以利用 FIB 沉积技术，在缺陷位置沉积所缺失的不透明材料，从而使掩模版图形恢复设计的完整性。

2. 制程监控

集成电路生产过程中的制程监控是不可缺少的，通常分为在线和离线两种方式。FIB 在线监控主要通过联用技术对图形结构、材料组分及结晶状态、薄膜覆盖及填充情况等进行分析和量测。离线监控可以采用离子束切割、TEM 制样等手段并结合联用技术进行芯片的材料分析、结构分析、良率分析以及新制程的分析鉴定。通过在线和离线分析，可以对制程过程中出现的问题进行及时调整和改进，提高器件的成品率。

3. 失效分析

失效分析通常是指对已失效的器件进行诊断分析，找出失效机理及问题，以便进行改进和对问题的预防。集成电路失效分析是及时纠正设计、试验、生产过程中出现的各类问题，提高器件可靠性的重要手段。失效分析通常可以分为无损失效分析和有损失效分析两类。通常，在确认失效后，先进行无损失效分析，如外观检查、X 光检查、光学及声学显微镜检查等。此后，根据需求进行开封和有损失效分析，如显微镜检查、电学分析、电路分析等，并根据初步分析结果进行物理薄层分析、FIB 分析、透射电子显微镜（TEM）分析及定位分析。在这一过程中，FIB 技术发挥了重要的作用，其通过剖面工艺及 TEM 样品制备技术，并结合 FIB 与 SEM、EDS、Laser、XRM 等联用技术，可以实现高精度的定位及多层面的失效分析。

4. 电路修改

在集成电路产业中，电路修改主要用于芯片开发者解决电路设计和制造中出现的问题。通常，芯片在开发设计之初往往存在一定的设计缺陷，如果直接重新流片不仅时间长而且成本也很高，把聚焦离子束技术应用于集成电路修改，即利用高精度的聚焦离子束对原有电路切断，利用沉积系统产生新的线路，可以极大地缩短电路研制周期和降低研发成本。因此，电路修改是集成电路设计制造中不可或缺的技术手段。

5. 电路修复

在芯片制造过程中，由于工艺、环境、人为等各种不确定因素，成熟可靠的器件在生产过程中可能会出现各种问题，进而导致器件功能出现缺陷。这些问题可能在制程监控过程中被发现，也可能在经过失效分析后才能被确认。对于在工艺过程中出现的电路短路和断路问题，可以通过 FIB 的沉积及刻蚀技术对金属线进行切断、链接或跳线处理，也可以对线路内的电容、电阻进行处理等，以进行电路修复。

6. 线路分析

线路分析是半导体芯片设计及工艺验证的重要手段之一。在 FIB 出现之前，由于集成电路越来越复杂，层次越来越多，线路分析变得越来越困难。FIB可以采用多种气体沉积技术进行金属、碳材料及绝缘的沉积，因此可以在芯片上指定位置制备出不同的结构和导电线路以及电极结构，从而实现对复杂电路的诊断和分析。

本章主要介绍聚焦离子束在芯片修复中的应用及在集成电路失效分析中的应用。

5.1 聚焦离子束在芯片修复中的应用

电路修复过程类似于利用聚焦离子束这把纳米级加工精度的手术刀在“显影设备”（电路版图、光学导航图或者离子束成像图）等定位系统辅助下，对集成电路器件进行“微手术”。在这一过程中，利用离子束的精准刻蚀能力可以对原有结构进行隔断处理，也可以利用FIB诱导沉积对集成电路进行布线，比如沉积链接线路金属导线、绝缘体或者用于电学性能测试的探针。沉积金属导线时，大都以金属有机化合物为前驱体（钨或者铂金属有机化合物）；沉积绝缘体主要以二氧化硅为主，通常采用有机硅化合物为前驱体。值得注意的是，最终形成的金属导线并非纯金属，往往含有大量前驱体带来碳元素，导致电导率下降。同样在沉积绝缘体材料时，Ga^{+}离子的注入也会降低绝缘材料的电阻率。

5.1.1 聚焦离子束芯片修复流程

图5-1为电路修复流程示意图，电路修复的最终目标是实现在特定位置的金属导线连接和已有导线切断。在电路修复过程中面临的第一个挑战是如何确定特定的切割位置，如图5-1第1步示意图所示，切割目标位置往往深埋于绝缘层下，通过FIB图像是无法看到绝缘层下的导线的。这时我们就需要利用光学显微镜镜图或者GDS电路版图进行关联定位，间接实现对绝缘层下电路的可视定位。电路修复过程中面临的另外一个挑战是如何判断

切割加工的终点（End ponit），如图 5－1 第 2 和第 4 步示意图所示，必须要根据版图和试验要求进行切割，确保刚好加工至目标金属导线或刚好切断已有导线。当离子加工至不同膜层时，FIB 信号图像通常会因为不同的材料产生不同的信号量，导致图像亮度突变；同时，当离子加工至不同膜层时，样品台吸收电流也会出现差异，且会在膜层分界面位置产生突变。因此，在实际操作过程中，FIB 信号图像亮度和样品台吸收电流突变可以作为判断离子束加工的切割终点的重要依据。

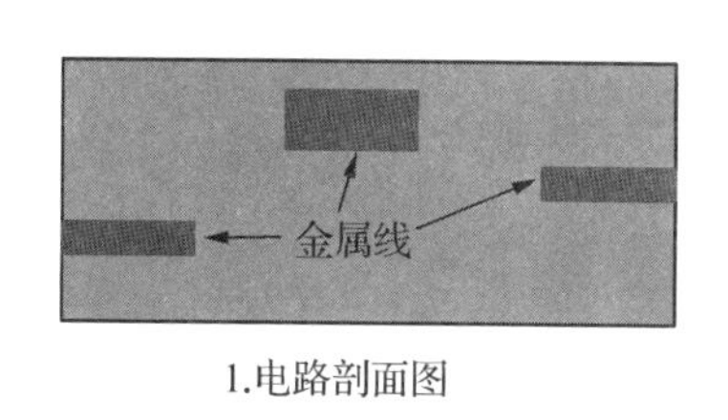

1.电路剖面图

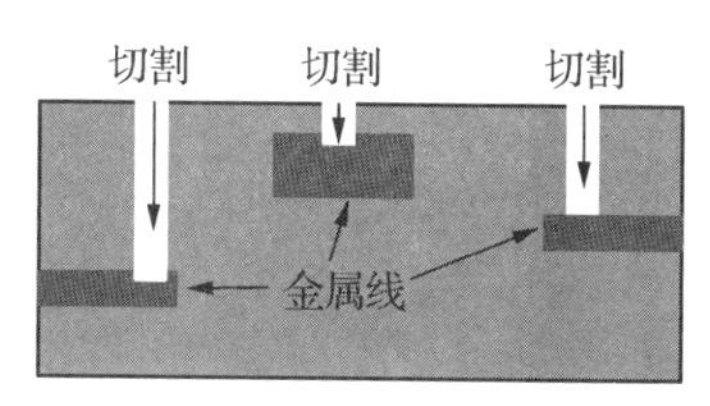

2.切割至目标电路层

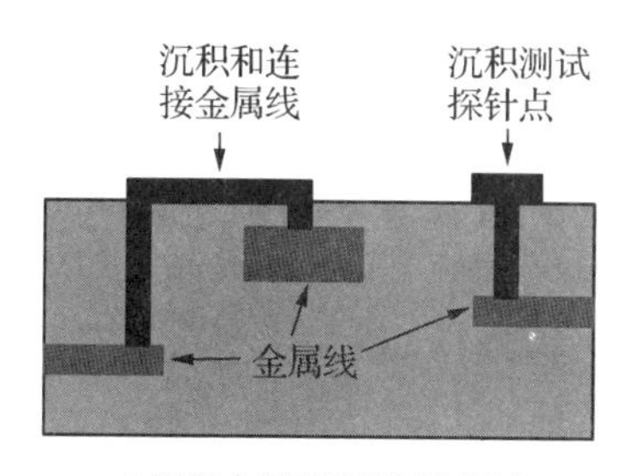

3.沉积金属线及测试探针点

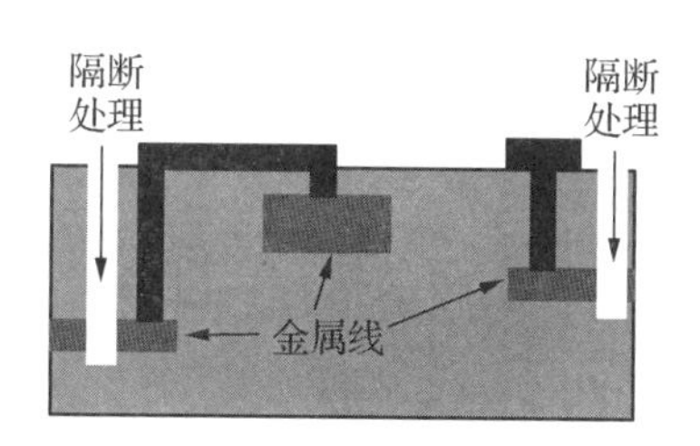

4.对电路做隔断处理

图 5－1　电流修复简易流程

5.1.2　电路修复的操作过程

光电关联显微技术（CLEM）主要利用光学显微的高灵敏度与电子显微镜的高分辨，两相结合弥补各自成像的局限性。在电路修复过程中，我们主要利用光镜中光束的穿透性对表面以下的金属线进行成像，为 FIB 离子束的切割位置进行定位（图 5－2）。图 5－3 所示描述了利用 Atlas 软件进行光电关联的一般过程。

步骤一：因待加工位置金属线位于表面以下较深位置，FIB 图像无法锁定加工位置，所以需要利用 Atlas 软件光镜—电镜关联定位技术进行精准定位。如图 5－2 所示，通过光镜图可以清晰找到拟加工位置 F1、F2 和 F3，其中 F1 和 F2 需要做金属导线联通处理，F3 位置的金属导线需要做切断处理。

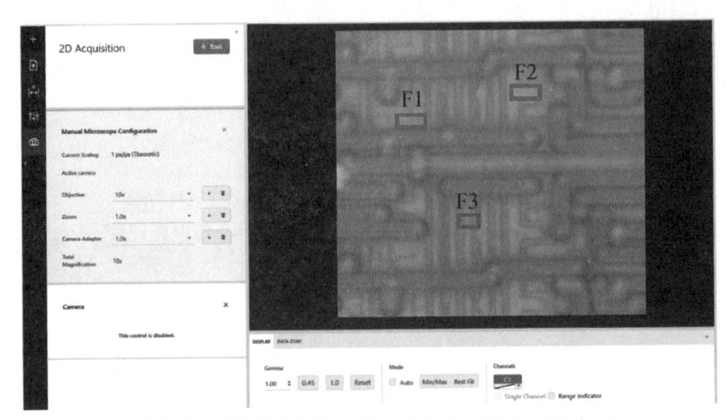

图中的附加标记的位置 F1、F2、F3 为目标加工位置

图 5－2　电路修复目标位置的光学显微镜图像

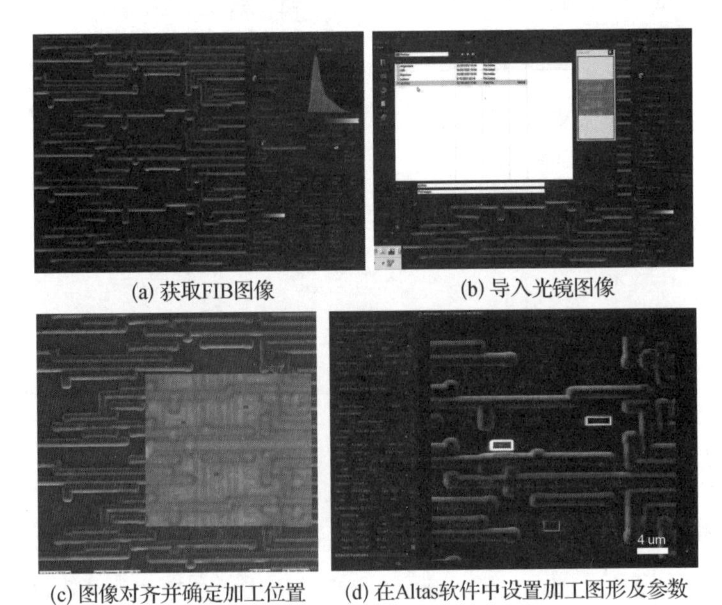

(a) 获取FIB图像　(b) 导入光镜图像

(c) 图像对齐并确定加工位置　(d) 在Altas软件中设置加工图形及参数

图 5－3　Atlas 软件中进行关联定位

通过光学显微镜获取拟进行电路修复的位置的光镜图像（图 5－2），同时在 FIB 中通过离子束成像获取该位置的 FIB 离子束图像（图 5－3 a），通过 Atlas 软件中的光电关联模块（Overlay）将预先获取的光镜图片加载进 Atlas 软件（图 5－3 b），通过光学与 FIB 图像中的三组对应点，便可实现光电关联定位。如图 5－3（c）所示，可以通过光电关联的图像在 FIB 图像中找到原来无法看见的内层金属线，然后进行准确选区加工。

步骤二：如图 5－4 所示，利用 Atlas 软件中的切割终点定位（End point）技术将 F1、F2 位置利用 FIB 切割通孔至金属线表面，利用 FIB 将 F3 位置切割至整个金属线完全断开。

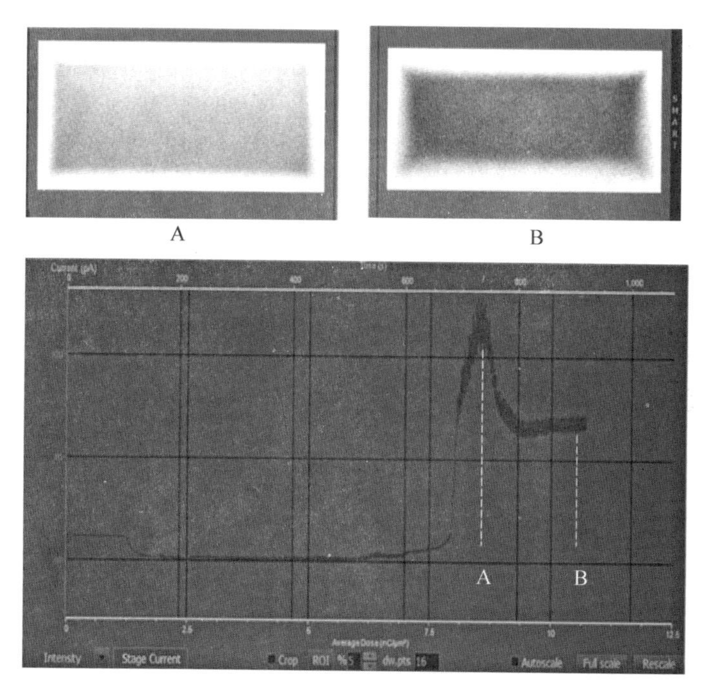

图 5－4　F1、F2 位置切割终点（End Point）判定方法

图 5－4 以金属线为 Ti/Al/Ti 夹心结构为例，当离子束刚好切割至表面 Ti 层时（A 点），FIB 加工信号图像会变亮，同时样品台电流曲线会出现突

变；当继续加工至 Al 层（B 点，厚度接近 800 nm），FIB 加工信号图像会变暗，同时样品台电流曲线会趋于平稳，此时为 F1 点加工终点，可以终止加工。F2 和 F3 位置也通过类似方法（FIB 信号图像亮度变化及样品台电流变化）判断切割终点。在实际电路修复过程中，会先在测试样片上通过 FIB 切开加工位置获取剖面，以验证切割终点的判断是否准确。图 5－5 所示为类似 F1 的位置在加工完成后的剖面。

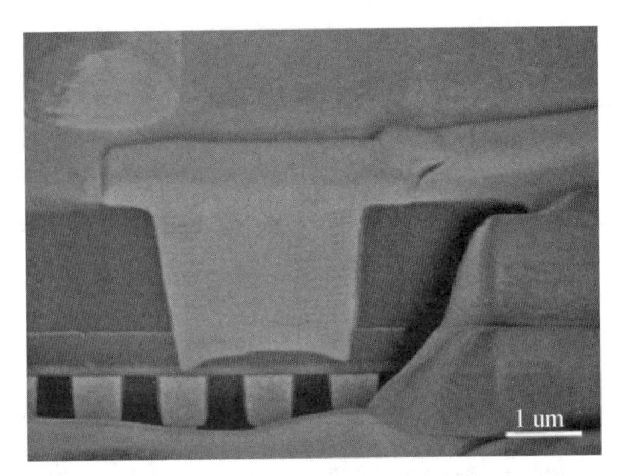

图 5－5　类似 F1 位置切割终点（End Point）确认

步骤三：利用 FIB 沉积功能对 F1 和 F2 进行通孔填充，并将两位置通过沉积金属导线联通（可选择的沉积金属一般为 W 或者 Pt）。首先将样品调整到离子束和电子束的共焦点位置，然后插入 GIS 气针（图 5－6 a）；刷新 FIB 图像，框选需要沉积的区域，选择 ion beam-depo 模式，设置加工参数后进行沉积（图 5－6 b）。

步骤四：打开 XeF_2 气体和离子束，照射修复位置表面 3 秒，以除去金属导线沉积时造成目标沉积位置以外的微弱沉积物。如图 5－7 所示，完成电路修复操作。

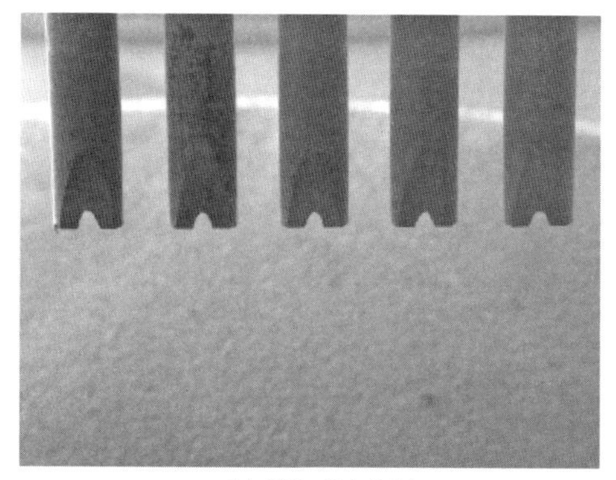

(a) 插入多支气针

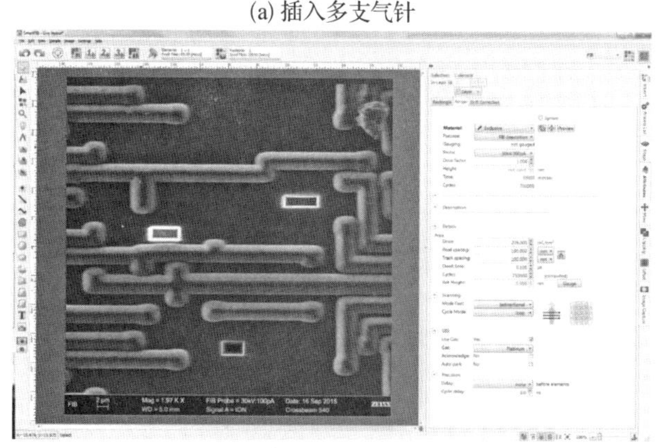

(b) 软件中执行金属线沉积

图 5－6　离子束诱导沉积金属线，实现电路联通

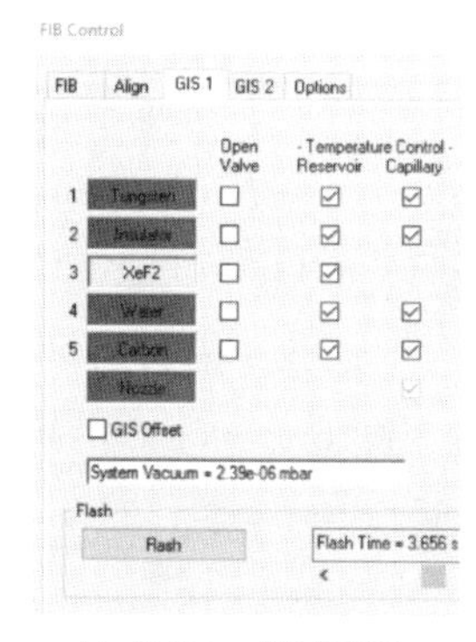

(a) 多支GIS控制面板，箭头所指位置为XeF_2控制阀门

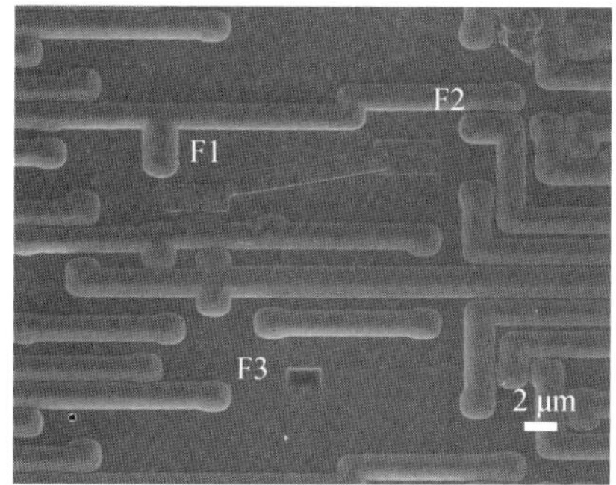

(b) 最终的修复位置的SEM图像，F1与F2实现联通

图 5－7　完成电路修复后的最终效果图

5.2 聚焦离子束在集成电路失效分析中的应用

失效分析是确定一种产品失效原因的诊断过程，其最终目的是找出产品失效的根本原因，并由此改进产品的设计、原材料的选用或者生产等环节，提高产品良率。失效分析技术在各个行业领域都有广泛的应用，尤其是在电子元器件行业，失效分析有着特殊的重要性。随着集成电路从中小规模发展到大规模乃至系统芯片，伴随而来的是几何式增长的集成度和复杂度，失效分析的要求和难度亦变得越来越高，任何一个微小的失效点可能导致整个芯片丧失功能甚至完全报废。相关研究人员一直在不断研究新的失效分析方法和分析技术，以提高分析和表征的精确性和便捷性。双束聚焦离子束电镜作为一种将 FIB 精密加工和 SEM 高分辨成像相结合的分析技术，目前已被应用于各种元器件的失效分析。本章将通过对几个实际案例的详细介绍和分析，帮助读者了解双束电镜在集成电路失效分析领域的应用。

5.2.1 钝化层裂纹深度分析

芯片在进行过温度循环测试（Thermal Cycling Test，TCT）后，会因为热胀冷缩在一些特定层产生裂纹。图 5-8 是一颗芯片样品经过 TCT 后，开盖检查的表面 SEM 形貌图片。由低倍图 5-8（a）可观察到，在靠近 Seal ring 的 Pad 一角产生了裂纹；由方框的放大图 5-8（b）可知，该裂纹的长度约为 40 μm，并且在扩展过程中穿过了几个 Via 通孔（箭头所示）。为了进一步分析该裂纹产生的机理，需要用双束电镜在图 5-8（b）中粗线的位置进行截面加工，以确定该裂纹的扩展深度和终止层。

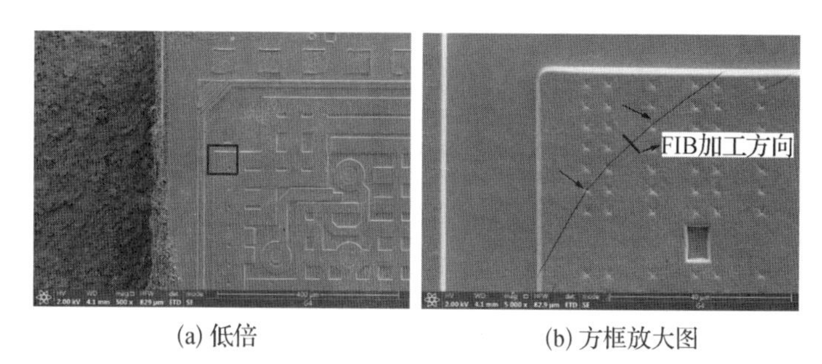

(a) 低倍　　(b) 方框放大图

图 5-8　某芯片样品温度循环测试后的表面 SEM 形貌图像

该样品用双束电镜做失效分析的步骤如下：首先将样品台转至 52°，找到共焦点后插入 GIS（图 5-9 a）。由于后续不需要做能谱分析，因此保护层的种类不限。截面加工的位置和方向（图 5-9 b 中的粗线）垂直于裂纹的长度方向。由于不需要分析样品极表面 100 nm 以内的区域，因此直接使用离子束在 30 kV 下沉积保护层，沉积的位置和参数分别见图 5-9（c）和（d）；离子束电流大小根据沉积区域的面积选择 0.79 nA。沉积完成后的表面 SEM 图片见图 5-9（e），保护层覆盖了该裂纹的中段区域，包括其穿过的 Via 通孔。

保护层沉积之后开始粗切，这一步的目的是采用大电流离子束切割，在最短时间内使目标截面区域暴露出来。粗切一般采用 RCS pattern，参数见图5-10（a），其长度 X 根据需要设定，宽度 Y 则与深度 Z 有关，一般至少 Y=1.5Z，才能保证加工出来的横截面的最深位置在电子束下观察时不被遮挡。图 5-10（b）是用 CCS pattern 精抛光的参数，目的是将粗切得到的横截面用更小的离子束电流抛光，减少大束流加工的窗帘效应的影响，以得到平整干净的横截面。精抛光使用的 CCS pattern 的位置见图 5-10（c），停止加工的位置是箭头所指的粗实线处。为了避免漏掉可能的失效现象，在 CCS 加工过程中需要不间断采集横截面的 SEM 照片；为此可以采用 iSPI 功能，将离子束加工的模式设置为特定间隔时间的自动暂停，同时 SEM 窗口自动获取横截面的图像。iSPI 功能设置页面和参数见图 5-10（c）中右下角的小图。

图 5-11 的四张横截面 SEM 图片分别是在图 5-10（c）中序号为 1、2、

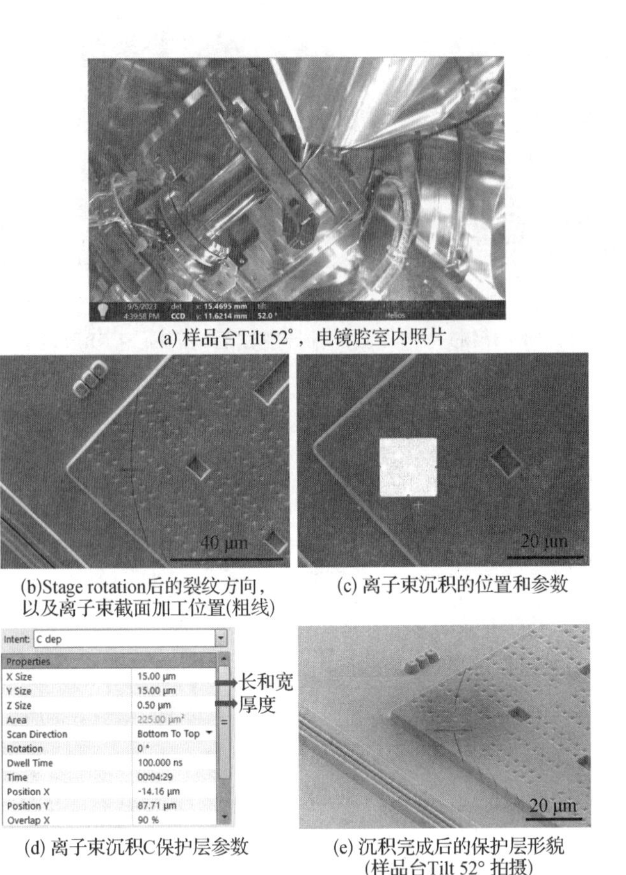

(a) 样品台Tilt 52°，电镜腔室内照片

(b)Stage rotation后的裂纹方向，以及离子束截面加工位置(粗线)

(c) 离子束沉积的位置和参数

(d) 离子束沉积C保护层参数

(e) 沉积完成后的保护层形貌(样品台Tilt 52° 拍摄)

图 5-9

3、4 的四个箭头的位置得到的。由图 5-11（a）可见，位置 1 的横截面切在一个穿过钝化层和 top metal 层的 Via 通孔的中心位置附近，而箭头所指的位置是该裂纹在深度方向的终止处。结合后面三个位置的横截面图像可知，该裂纹在所切割区域的中段，其深度方向的终止位置始终是钝化层/top metal 层的界面处，即裂纹仅在钝化层扩展，top metal 内部未产生裂纹。这是因为 top metal 是金属 Al，铝相较于钝化层的 Si_3N_4/SiO_2 具有良好的塑性和断裂韧性，可以阻止裂纹扩展进入 Al 层。

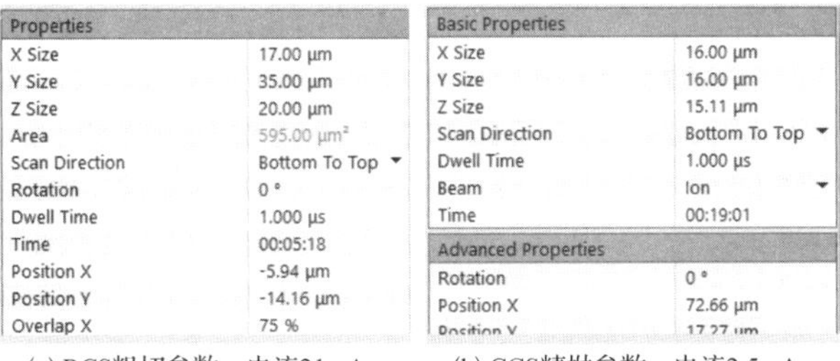

(a) RCS粗切参数；电流21 nA　　(b) CCS精抛参数；电流2.5 nA

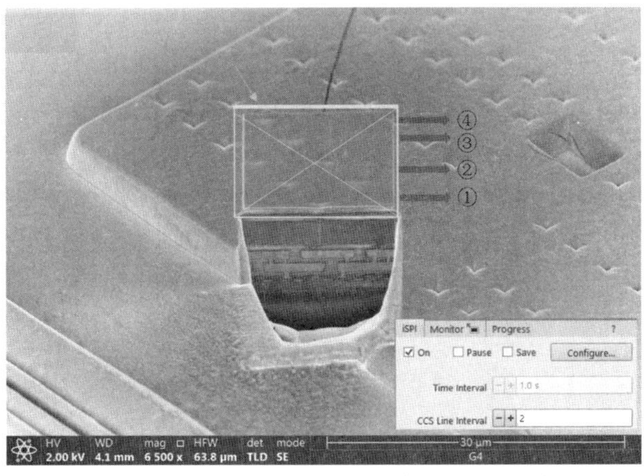

(c) 精抛光的CCS pattern位置示意图(样品台Tilt 52° 拍摄)

图 5 - 10

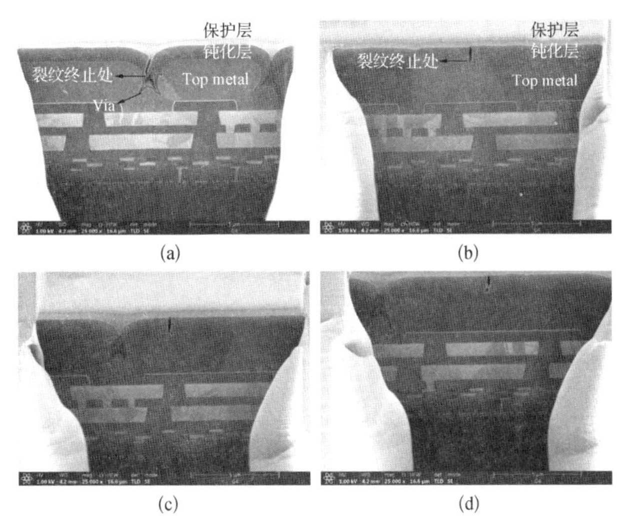

(a)　(b)　(c)　(d)

(a)（b）（c）（d）分别为图 5 - 10（c）中四个箭头处的横截面图像

图 5 - 11　精抛光加工过程的横截面 SEM 图片

5.2.2 MOS 管打火失效分析

5.2.2.1 案例背景

在测试 BVDSS 项目时，一颗 Fail die 出现了打火及击穿电压下降的情况，初步判断为热失效。从芯片的背面利用激光束电阻异常侦测（Optical Beam Induced Resistance Change，OBIRCH）确定了热点位置之后，需要用双束电镜结合 EDX 能谱观察热点位置的横截面微观形貌并进行成分分析，确认是否有相关的形貌缺陷或成分缺陷，最后对失效机理做出判断。

5.2.2.2 双束电镜失效分析步骤

1. 热点位置定位

首先根据 OBIRCH 测试给出的热点位置坐标图（图 5－12 a），在电子束窗口中锁定热点所在区域。再利用高倍图像（图 5－12 b）的坐标网格和参考点，在电子束窗口中精确地找到该热点位置。确认位置后利用 Stage rotation 功能调整芯片样品的方向，使之满足图 5－12（b）中粗线所示的 FIB 切割方向，最终热点位置和样品方向如图 5－12（c）所示。

2. 保护层沉积和粗切

采用 Pt 做保护层，直接进行离子束保护层沉积，沉积参数见图 5－13（a）。沉积完成后的保护层 SEM 图像如图 5－13（b）（样品台 tilt 0°拍摄）。圆点处即为 OBIRCH 确定的热点位置，为了确保不遗漏热点附近可能的失效现象，在时间允许的前提下，沉积保护层的区域应尽可能大于热点区域。

沉积完成后用 RCS pattern 粗切，参数和 pattern 位置示意图见图 5－13（c）和图 5－13（d）。Pattern 长度 X＝26 μm，略大于沉积保护层的长度（X＝25 μm），宽度 Y＝2，Z＝30 μm。由于粗切时使用的是大电流，

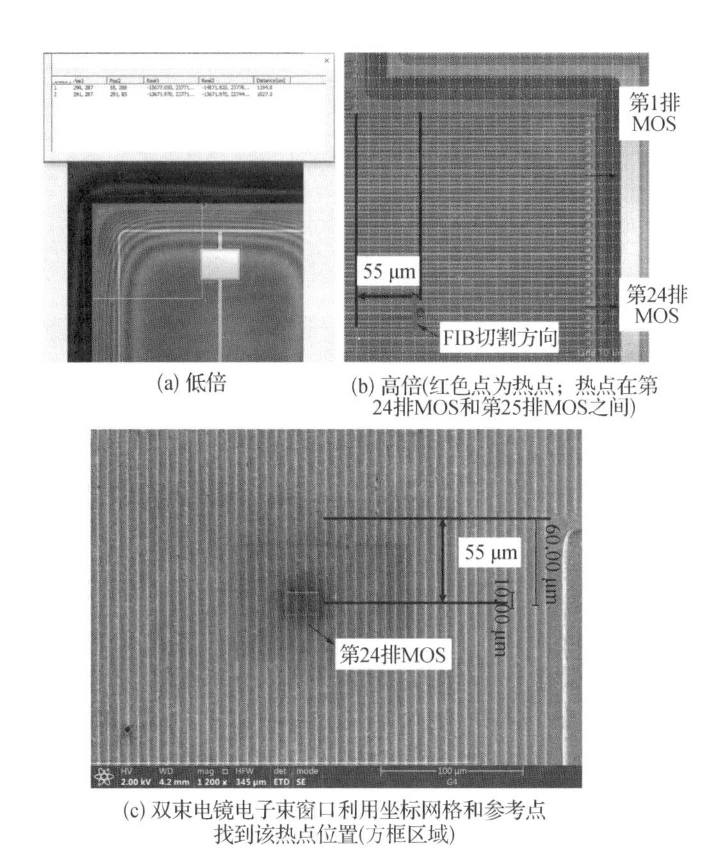

(a) 低倍

(b) 高倍(红色点为热点；热点在第24排MOS和第25排MOS之间)

(c) 双束电镜电子束窗口利用坐标网格和参考点找到该热点位置(方框区域)

图 5 - 12　OBIRCH 测试热点位置坐标图

其 beam tail 比小电流切割时更大，因此 RCS pattern 放置的位置应该距离保护层下边缘约 1—2 μm，以防止大电流造成保护层边缘损伤。

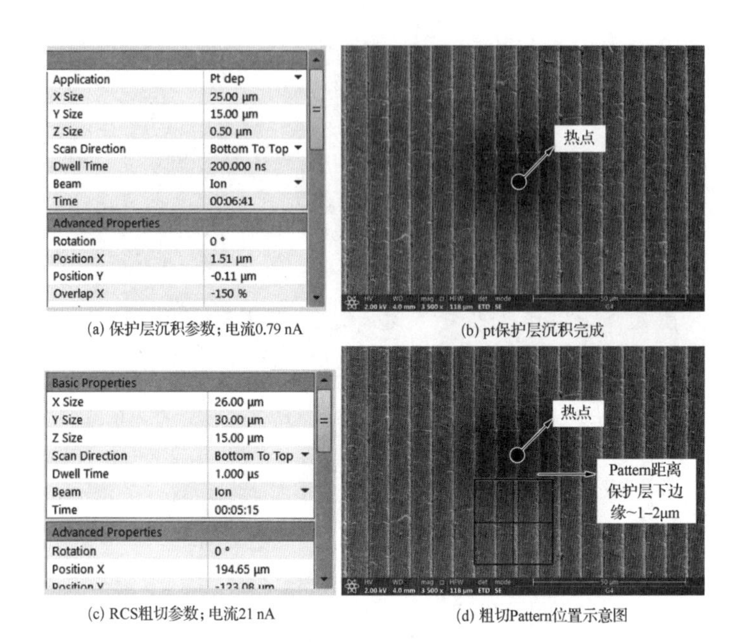

(a) 保护层沉积参数；电流0.79 nA　　(b) pt保护层沉积完成

(c) RCS粗切参数；电流21 nA　　(d) 粗切Pattern位置示意图

（a）和（b）：沉积 Pt 保护层的参数和完成沉积后的 SEM 图像（样品台 tilt 0° 拍摄）。（c）和（d）：粗切的 RCS pattern 参数和位置示意图（注：RCS pattern 应在离子束窗口设置，但是因为电子束图片分辨率更好，所以采用电子束图像作示意图）

图 5－13　保护层沉积和粗切

3. 精抛光、横截面图像采集及能谱分析

粗切完成后，离子束切换为更小电流（2.5 nA），采用 CCS pattern 从粗切停止的位置进行精抛光，pattern 位置如图 5－14（a）所示，粗线即为加工的停止线。在精抛光的过程中需要打开 iSPI 功能，将离子束加工的模式设置为间隔特定时间的自动暂停，同时在 SEM 窗口采集横截面的图像，实时监控截面加工进展。精抛光一共用时约 10 min，共采集 43 张横截面 SEM 图像。第 5 张横截面 SEM 图像（图 5－14 b）并未发现异常，此时还未切到 OBIRCH 热点位置；继续加工，第 29 张横截面开始出现异常（图 5－14 c 箭头所指），异常点的高倍形貌如图 5－14（d）。此时需要暂停离子束加工（注意：是暂停 CCS pattern 的加工，非停止），用能谱探头对异常点进行元素分析，结果见图 5-14（d）右下角的 Ni 元素面扫描能谱图。由此可知，该异常点的成分为金属 Ni。

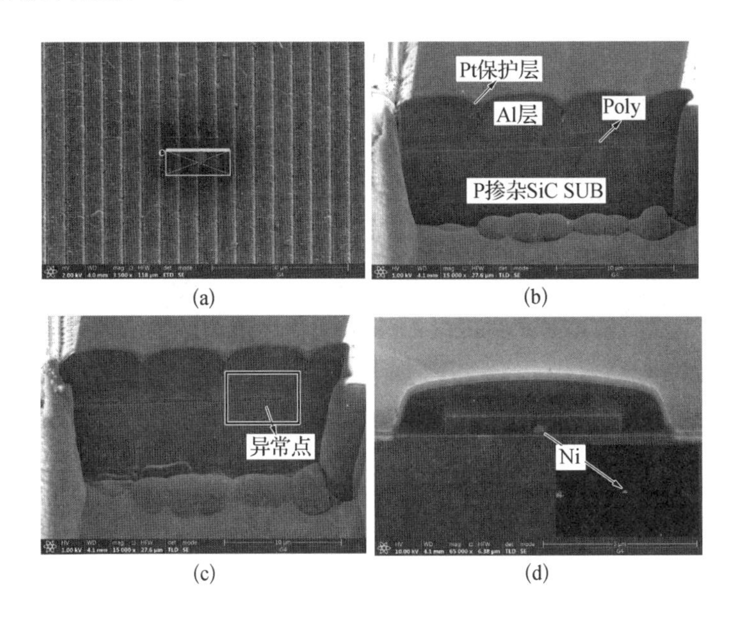

(a)　(b)　(c)　(d)

（a）CCS pattern 的位置示意图（粗线为停止加工处）；（b）和（c）分别为 SEM 采集的第 5 张、第 29 张横截面图像；（d）为（c）中异常点放大图，其右下角为 Ni 元素的能谱面分析结果，确定该异常点为 Ni

图 5-14　精抛光、横截面图像采集及能谱分析

继续进行离子束抛光，第 37 张横截面图像切到了热点的中心位置附近（图 5-15 a），此时观察到了大面积的异常（方框处）。接下来暂停离子束抛光，对异常处进行高倍 SEM 形貌观察和 EDX 能谱分析，结果见图 5-15（b）和图 5-15（c）。图 5-15（b）为图 5-15（a）中方框区域的放大图像，图 5-15（c）是图 5-15（b）中方框区域的部分元素面扫描分布图。由能谱结果可知，异常点为金属 Ni，同时有部分 Al 熔融进入了 MOS 内，怀疑是沉积 Ti 层之前的光刻工艺引入了杂质，具体的失效原因需要追溯到相关工艺组。接下来继续用 CCS pattern 进行离子束抛光，同时观察截面图像，发现没有出现新的失效现象，可停止离子束加工。

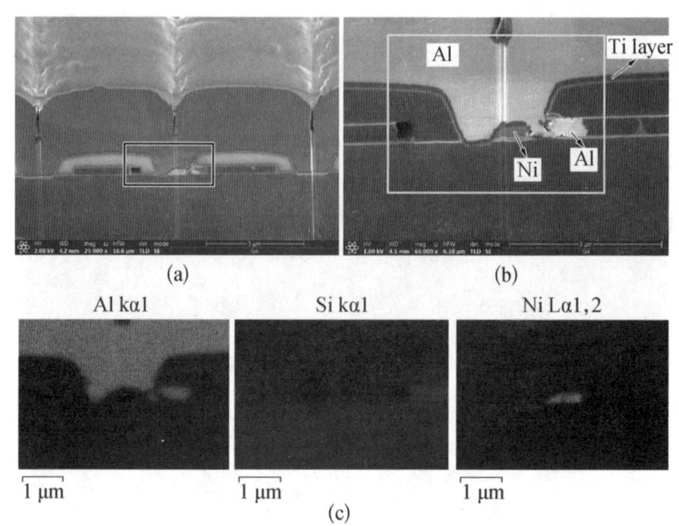

(a) 第 37 张横截面 SEM 图像（热点的中心位置附近），方框为异常处；(b) 异常处的高倍图像；(c) 为 (b) 中方框区域的 Al、Si 和 Ni 元素的面扫描分布图

图 5-15　横截面 SEM 图像与面扫描分布图

5.2.3　芯片 IGSS 漏电过大失效分析

5.2.3.1　案例背景

在做 HTGB 项目时，出现了 Pass die 漏电较小、Fail die（#79）IGSS 漏电过大（>200 nA）的情况，需要对漏电大的芯片进行复测，同时定位漏电所在的位置（热点 Hot spot）。之后，再利用 FIB 对漏电位置进行切片分析，找到漏电点所在的膜层。最后，基于电镜分析的结果对失效机理做初步判断。

5.2.3.2　双束电镜失效分析步骤

1. 热点位置定位

首先根据 InGaAs（砷化镓铟微光显微镜）测试给出的热点位置坐标图（图 5-16 a），在电子束窗口中找到目标热点所在的大概区域，图5-16 (b)

为该芯片样品的低倍 SEM 表面形貌图，图中小框即为根据图5－16（a)中坐标位置定位的大概区域。再利用带有网格坐标的高倍 InGaAs 热点图像（图5－16 c)，在电子束窗口中精确地找到该热点位置，图5－16（d)中方框所示即为热点区域。确认位置后利用 Stage rotation 功能微调芯片样品的方向，使 MOS 结构在 SEM 图像中平行于 FIB 加工方向（即图5－16 d粗线）。

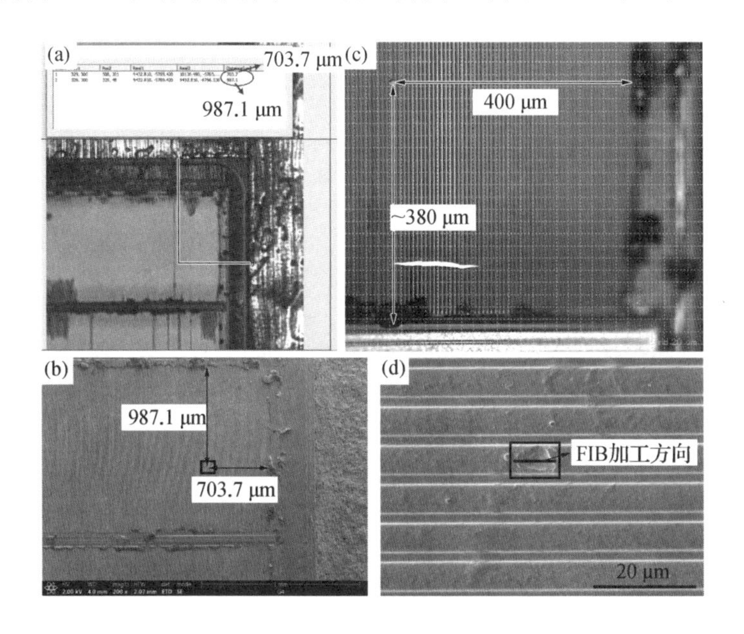

（a）和（b)：InGaAs 测试热点位置的低倍坐标图和根据坐标在 SEM 图像中找到热点大致区域。（c）和（d)：InGaAs 测试热点位置的高倍网格坐标图和 SEM 图像下找到的准确热点位置（方框区域）及 FIB 加工方向

图 5－16　热点位置定位

2. FIB 横截面加工

热点区域的 FIB 截面加工步骤和相关参数与 5.2.2 中描述的类似。首先进行离子束保护层沉积，沉积区域确保覆盖整个热点区域，之后分别采用 RCS pattern 进行大电流粗切、CCS pattern 做小电流精抛光。在精抛光的过程中需要打开 iSPI 功能，将离子束加工的模式设置为间隔特定时间的自动暂

停，同时在SEM窗口采集横截面的图像，实时监控截面加工的进展。当加工到热点区域中心位置附近时开始出现异常点，此时需要暂停横截面加工并用SEM拍照，得到横截面的低倍全貌图和异常点的高倍图像（图5－17 a、图5－17 b）。由此可知该异常点（白色颗粒，particles）的特征尺寸较小，FIB中的能谱分析可能难以满足对分辨率的要求，因此需要终止FIB加工，在已经加工出的横截面基础上原位提取出异常点的透射样品切片，并对该异常点做TEM上的纳米级能谱分析，以解析其元素成分。透射样品原位提取的过程如下节所述。

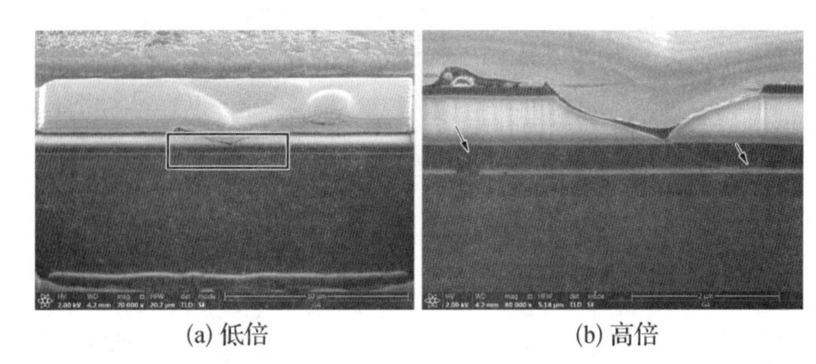

(a) 低倍　　(b) 高倍

（a）低倍图像；（b）高倍图像；异常点主要有左侧的白色颗粒和右侧的裂纹

图5－17　异常点的SEM

3. TEM样品原位提取

利用双束电镜原位提取TEM样品，需要先在row bar上装载专用铜网(图5－18 a、图5－18 b)，然后随样品一起放在stage上。TEM样品原位提取步骤如下。

(1) Chunk mill与CCS精修

首先是样品上侧chunk mill，由于已经完成了保护层沉积和下方的chunk mill，因此直接使用30 kV、21 nA的离子束流，采用RCS pattern在样品的上方进行chunk mill，pattern位置和参数设置如图5－18（c)、图5－18（d)所示；注意RCS pattern的加工方向应该选择Top to Bottom。完成chunk mill后再使用CCS pattern对样品上侧进行精修，CCS pattern位置和参数设置如图5－18（e)、图5－18（f）所示；注意CCS pattern的加工方向应该选择 Top to Bottom。

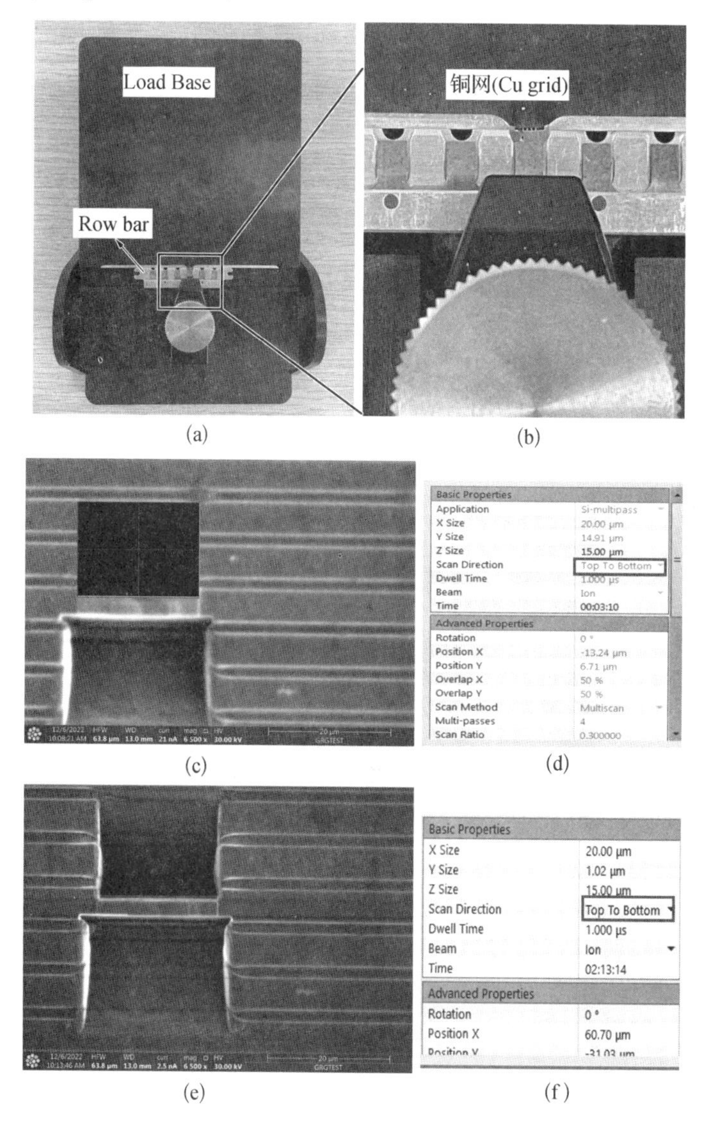

(a)　(b)　(c)　(d)　(e)　(f)

(a) 和 (b)：TEM 制样专用铜网（通过 Load base 装载到 Row bar 上）。(c) 和 (d)：样品上方 chunk mill RCS pattern 的位置和参数设置。(e) 和 (f)：CCS 精修样品上方截面的 pattern 位置和参数设置

图 5－18　Chunk mill 与 CCS 精修

(2) 底部 U-CUT

完成精修后，需要对切片样品的底部进行 U-CUT。此时需要把样品台转到 0° tilt，并且重新确定离子束与电子束的共焦点（eucentric point）。在离子束窗口，采用 30 kV、2.5 nA 成像（图 5 - 19），而后进行 U-CUT（注：U-CUT 电流不能过大，一般不超过 2.5 nA，否则可能会由于反沉积现象严重导致样品底部切不断）；采用 rectangle pattern 分别画出三个框，其形状大小如图5 - 19中的三个矩形框所示。需要注意的是，右边的三号 pattern 不能完全将样品切断，需要保留一部分（箭头处），否则该切片样品可能会在机械手提取之前就脱离块体样品。通过离子束成像实时观察，当三个 pattern 处的样品均被完全切断，停止加工。

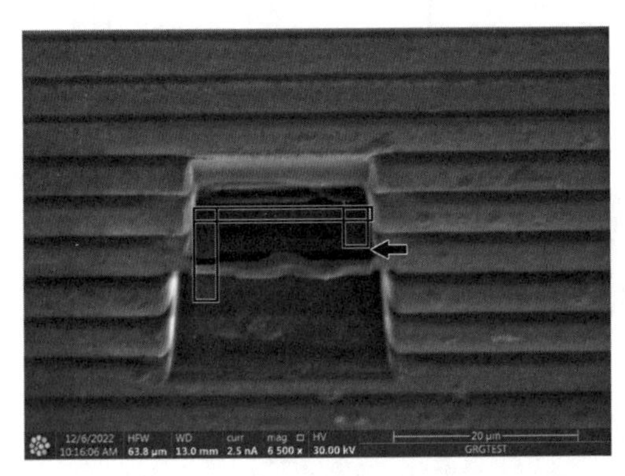

图 5 - 19　U-CUT 采用的 rectangle pattern 形状大小和位置

(3) Easylift 提取样品

U-CUT 完成后，将 Easylift 和 GIS 先后插入（此时样品台仍然是 0° tilt）；在电子束窗口（电压、电流无特殊要求，图像分辨率满足需求即可），调节 Easylift x 和 y 方向的位置，使 Easylift 的上边沿与样品的上边沿对齐（如图 5 - 20 a 中的虚线所示）。接着在离子束窗口下（30 kV，电流不超过 40 pA），将 Easylift 以适当的速度靠近样品，直至 Easylift 与切片样品之间只有微小的距离或者刚刚接触到，可以进行后续的焊接，参见图 5 - 20（b）的离子束图像。此时采用 rectangle pattern，在 Easylift 与样品的接触点画一个适当大小的矩形框（图 5－20 c 中的方框），选择相应的 GIS 气体进行焊接。注意焊接所用离子束电流不应过大，否则可能会导致刻蚀速率大于沉积速率，从而焊接失败；离子束电流也不能过小，否则焊接时间过长，样品可能会发生漂移。一般焊接的离子束电流推荐为 40 pA，焊接时间不超过3 min。焊接完成后，在切片样品与块体样品的连接处，采用 rectangle pattern 画一个矩形框，对样品进行完全切断（图5－20 d）。这一步骤的离子束电流推荐为2.5 nA。确定样品完全切断后，即可将 Easylift 上焊接的切片样品缓慢地提取出来（图 5－20 e），接着依次拔出 Easylift 和 GIS。

(a) 电子束图像下调节Easylift的上边沿与样品的上边沿对齐

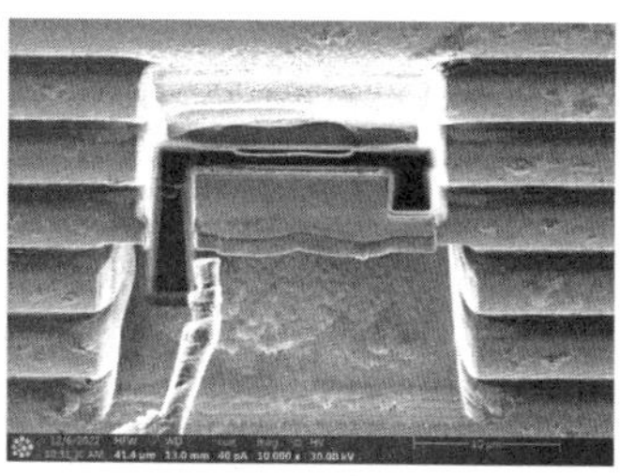

(b) 离子束窗口下调节Easylift高度Z 使之靠近切片样品

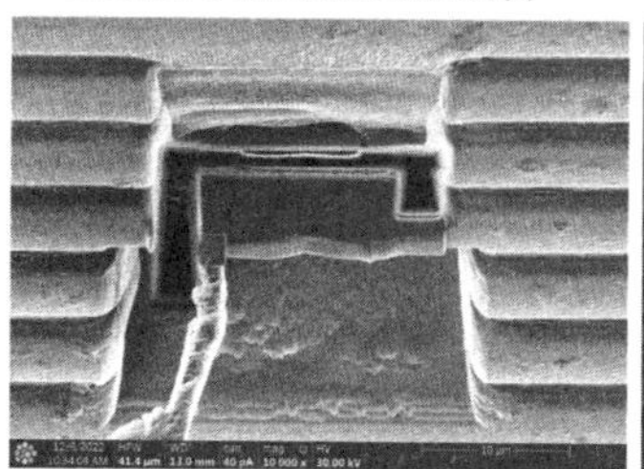

(c) 焊接

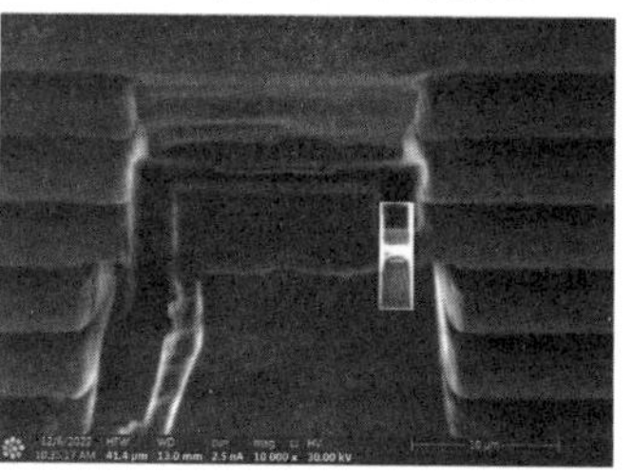

(d) 右侧完全切断

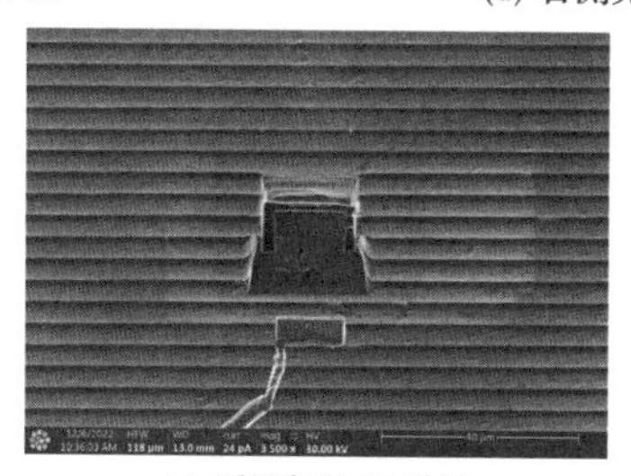

(e) 缓慢提取出样品

图 5－20　Easylift 机械手提取切片样品的过程

(4) 将样品转移至铜网

移动样品台找到铜网所在的位置，此时样品台仍然是 0° tilt（装载铜网的 row bar 放在垂直 90°预倾的位置）。找到铜网后，在电子束窗口下，通过 stage rotation 功能把铜网的上边沿调节为与水平方向平行。接下来在电子束窗口下粗调（电压、电流无特殊要求，图像分辨率满足需求即可），将 Z 升至 eucentric height，通过调节样品台高度找到双束的共焦点，此时电子束和离子束窗口下铜网的成像分别如图 5-21（a）和图 5-21（b）所示。将 Easylift 和 GIS 先后插入，在电子束窗口下调节 Easylift x 和 y 方向的位置，

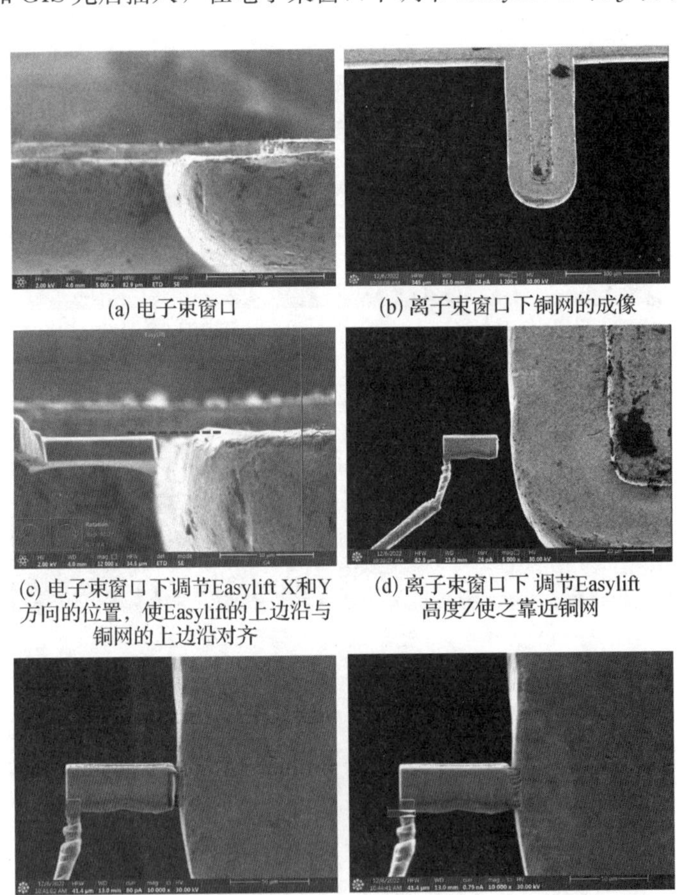

(a) 电子束窗口　(b) 离子束窗口下铜网的成像

(c) 电子束窗口下调节Easylift X和Y方向的位置，使Easylift的上边沿与铜网的上边沿对齐　(d) 离子束窗口下 调节Easylift高度Z使之靠近铜网

(e) 接触点焊接　(f) 完全切断Easylift与样品

图 5-21　将切片样品转移至铜网的过程

使 Easylift 的上边沿与铜网的上边沿对齐，如图 5－21（c）的虚线所示。在离子束窗口下（30 kV、电流不超过 40 pA），将 Easylift 缓慢靠近铜网（图 5－21 d）；待接近铜网后，来回切换电子束窗口和离子束窗口，分别调节 Easylift x 和 y 方向的位置（在电子束窗口调节）以及 z 方向的高度（在离子束窗口调节），最终使得切片样品的右侧边沿刚好接触铜网的左侧边沿（图 5－21 e）。此时再用 rectangle pattern 进行焊接（图5－21 e），焊接完成后将 Easylift 与样品的连接处切断（图 5－21 f）。之后，缓慢移走 Easylift，使之远离样品；最后拔出 GIS 和 Easylift。

（5）减薄

找到切片样品的位置，将样品台转至 53.2°（即 52°＋1.2°，1.2°为补偿角）tilt，并且找到双束的共焦点。此时离子束窗口成像（30 kV、80 pA）如图5－22（a）所示。值得注意的是，失效分析样品的减薄与常规 TEM 样品减薄不同。由于在 FIB 横截面加工时，已经将切片样品的下表

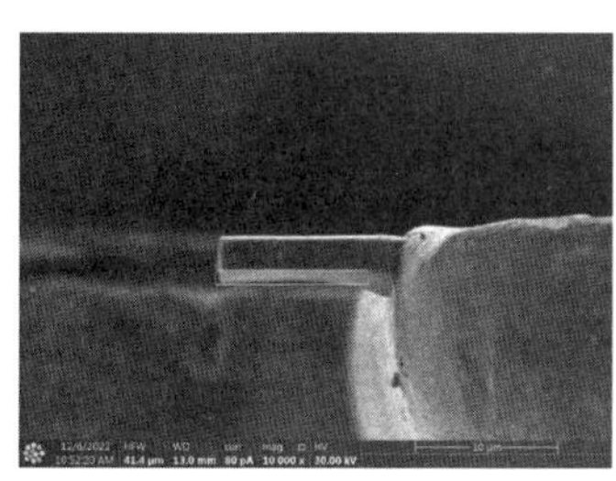

(a) 正面减薄，补偿角为+1.2°，CCS pattern位置见方框

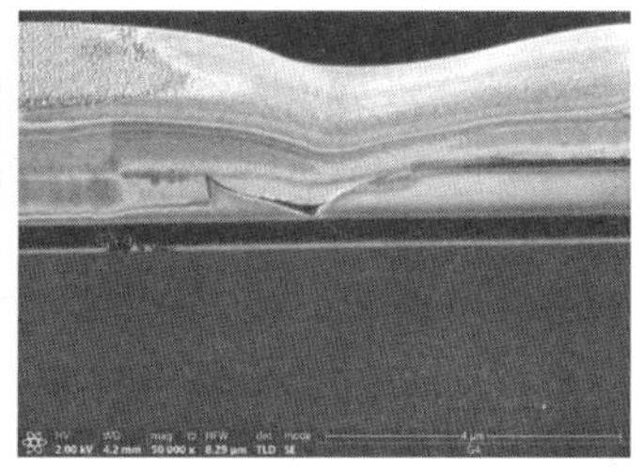

(b) 正面减薄当反沉积溅射被完全清除，露出干净的横截面时 即可停止

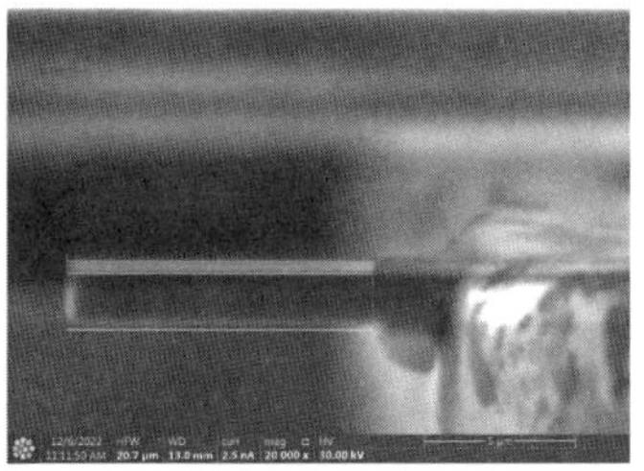

(c) 背面减薄，补偿角为−1.2°，CCS pattern位置见方框

图 5－22　30 kV 减薄过程

面抛光至目标热点处，因此用 CCS pattern 抛光下表面时需要注意控制加工时间和 pattern 放置位置，只需将下表面由于之前的加工步骤产生的反沉积溅射清除干净即可，不能将目标热点抛掉。CCS pattern 放置位置如图 5－22（a）；加工时仍然采用 SEM 窗口采集横截面的图像，实时监控截面加工的进展。当把反沉积溅射完全清除，露出干净的横截面时（图 5－22 b），需要立即停止 CCS pattern 加工。

接下来将样品台转至 50.8°（即 52°－1.2°）tilt。此时电子束窗口可采用 5 kV 成像，方便后续估计样品的减薄厚度。接着，仍然采用 CCS pattern 进行切片样品上表面的减薄，pattern 放置位置如图 5－22（c）；pattern 加工深度根据样品的实际深度设置，通常为了减少减薄后的样品弯曲变形，设置深度为实际深度的 50%—70%。Pattern 加工过程需要实时观察，当样品减薄至厚度为 80—100 nm 即可停止加工。

（6）低电压去除样品表面非晶

将样品台转至 56.2°（即 53.2°＋3°）tilt，将离子束电压切换为 5 kV，电流不超过 40 pA，重新找到双束的共焦点。用 rectangle pattern 对下表面进行低电压去除非晶，pattern 大小和位置见图5－23（a）中的方框；注意加工时间不能过长，20—30 s 即可。接下来，将样品台转至 47.8°（即 50.8°－3°）tilt，用 rectangle pattern 对上表面进行低电压去除非晶，加工时间约 30—60 s 即可。加工过程中采用电子束实时监控加工进展，最终得到的样品横截面见图 5－23（b）。

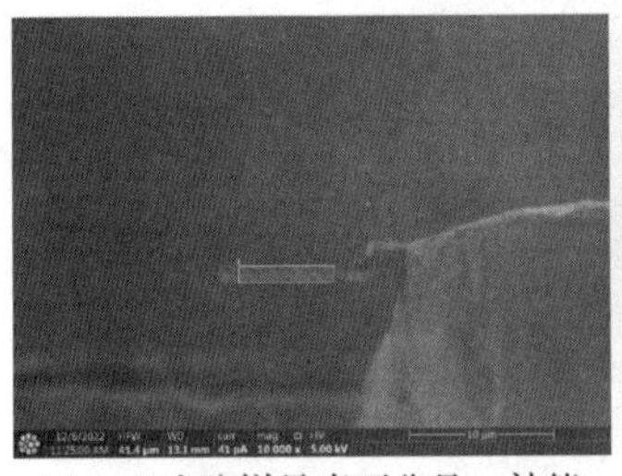

(a) 5 kV去除样品表面非晶，补偿角±3°，rectangle pattern位置和大小如方框所示

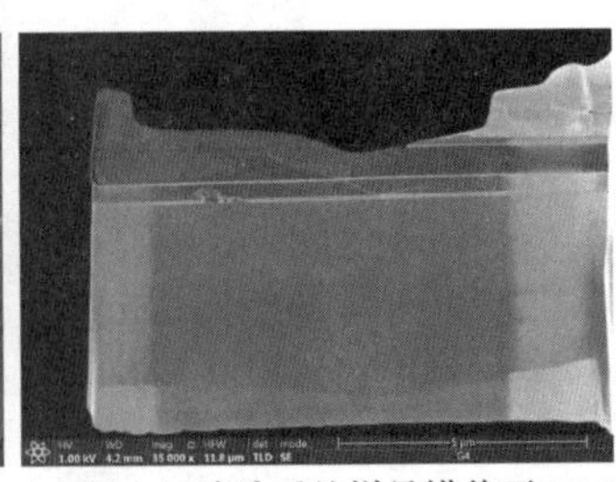

(b) 低电压清洁后的样品横截面SEM图像(52° tilt拍摄)

图 5－23　低电压去除样品表面非晶

需要强调的是，以上推荐的减薄参数，尤其是倾转补偿角，需要根据实际情况调节。比如更高阶的离子束镜筒配置，所需的补偿角应该小于此处所用的 CX 系列离子束镜筒需要的。例如 Helios 5 UX 的双束电镜，30 kV 离子束减薄一般采用±0.6°补偿角。

4. TEM 样品图像采集和能谱分析

TEM 样品制备完成后，进行 TEM/EDX 分析。图 5－24 为图 5－17（b）中两个异常位置（裂纹和白色颗粒）的 TEM 明场像；由高倍图像可知，该裂纹终止于 poly 与下方氧化层的界面处（图 5－24 b 箭头处）。仅从高倍 TEM 明场像无法判断异常点的成分，要想进一步分析异常点的失效机理，需要进行 EDX 元素分析。

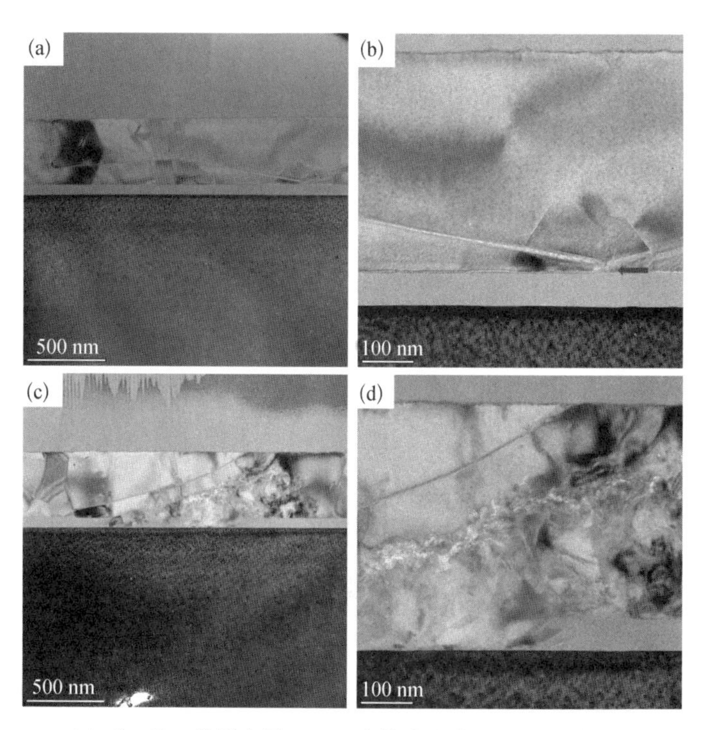

（a）和（b）分别为图 5－24 中箭头所指的裂纹的低倍和高倍明场像；（c）和（d）分别为图 5－24 中箭头所指的白色异常颗粒的低倍和高倍明场像

图 5－24　异常位置的 TEM 明场（BF）像

图 5 - 25 是白色颗粒的 TEM/EDX 元素分析结果。由元素的面扫描分布图可知，该异常点的主要成分是 SiO_2 以及一些 P 元素，与原始的 Poly 成分熔融在一起。图 5 - 26 是裂纹处的 TEM/EDX 元素分析结果，图 5 - 26（c）和图 5 - 26（e）中箭头所指的位置，可观察到有 SiO_2 沿着裂纹进入 Poly 层并与 poly 发生熔融。由此可以推测，很可能是在 Poly 的生长工艺阶段产生了裂纹，而后 SiO_2 沿裂纹进入 Poly 层。因此，应该从 Poly 生长工艺排查该异常点产生的原因，改进工艺，进而提高产品良率。

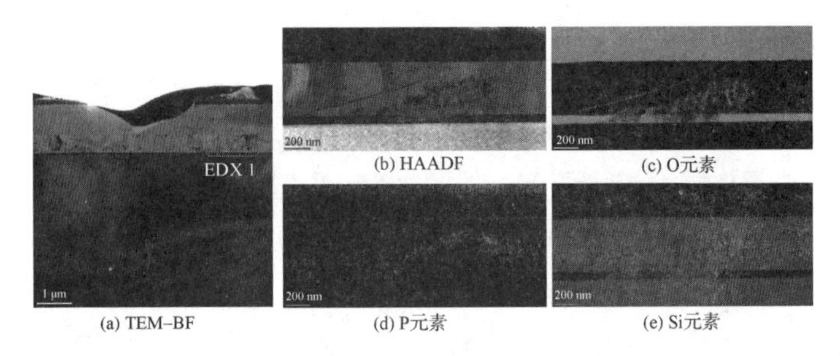

（a）低倍 TEM - BF 图像，方框为 EDX 面扫描分析区域；（b）面扫描分析区域的 HAADF 图像；（c）—（e）O、P、Si 元素的面扫描分布图

图 5 - 25　白色颗粒的 TEM/EDX 元素分析

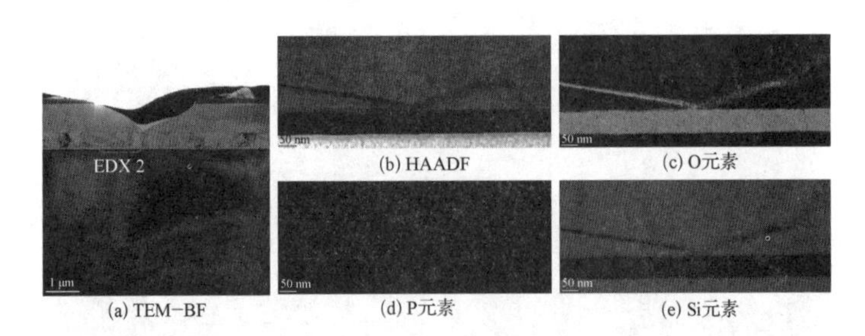

（a）低倍 TEM - BF 图像，方框为 EDX 面扫描分析区域；（b）面扫描分析区域的 HAADF 图像；（c）—（e）O、P、Si 元素的面扫描分布图

图 5 - 26　裂纹处的 TEM/EDX 元素分析

5.3　总结与展望

集成电路的诞生和发展不仅彻底改变了电子行业的走向，也对人们的生活产生了巨大的影响。随着消费电子、汽车电子以及“万物互联”的发展，集成电路的需求持续高速增长，与此同时对器件尺寸和性能的追求也越来越趋于极致，这使得集成电路制造过程中对制程及器件性能方面的分析、测试、监控成为必不可少的环节。聚焦离子束由于具有精细加工能力和实时观察的特性，成为集成电路技术发展中不可或缺的集跟踪、分析、测试、修复等多种功能于一身的技术手段。特别是随着聚焦离子束联用技术的发展，如激光联用、EBSD联用、质谱联用等，聚焦离子束加工及分析测试的能力得到进一步的加强和拓展，在集成电路中有了更多的应用。

参考文献

[1] 陈选龙，刘丽媛，黎恩良，等．联用动态EMMI与FIB的集成电路失效分析 [J].微电子学，2017，47（2）：285－288＋292.

[2] 龚瑜，黄彩清，刘颖．集成电路多层互连结构故障定位方法 [J]. 电子显微学报，2020，39（2）：206－213.

[3] 霍发燕．FIB－SEM双束系统在PCB及IC载板缺陷检测中的应用 [J]. 电子工艺技术，2022，43（4）：238－240.

[4] 林晓玲，章晓文，高汭．一种倒装芯片/多层互连结构封装IC的修改方法 [J]. 华南理工大学学报（自然科学版），2020，48（12）：63－71.

[5] 刘立建，谢进，王家楫．聚焦离子束（FIB）技术及其在微电子领域中的应用 [J].半导体技术，2001（2）：19－24＋44.

[6] 王敏，刘莹，邵瑾，等．基于FIB技术攻击芯片主动屏蔽层 [J]. 电子技术应用，2017，43（7）：28－31.

[7] 辛娟娟，韦旎妮，刘抒，等．FIB与PEM联用在半导体器件失效分析中的应用 [J].半导体技术，2010，35（7）：703－705＋731.

［8］袁锦科，黄彩清．聚焦离子束双束系统在微机电系统失效分析中的应用［J］．失效分析与预防，2021，16（4）：251－256.

［9］章晓文，陈媛，林晓玲．FIB线路修改中的定位技术研究［C］//中国电子学会可靠性分会．2010第十五届可靠性学术年会论文集．北京：《电子产品可靠性与环境试验》编辑部，2010：102－106.

［10］A. Yasaka，F. Aramaki，M. Muramatsu，et al. Application of Vector Scanning in Focused Ion Beam Photomask Repair System［J］. Journal of Vacuum Science & Technology B：Microelectronics and Nanometer Structures Processing，Measurement，and Phenomena，2008，26（6）：2127－2130.

［11］B. Liu，A. Tan，Y. Hua，et al. Characterization and Failure Analysis of OLED devices by FIB/TEM Techniques［J］. International Conference on Display Technology（ICDT 2021），2021，52（52）：231－233.

［12］D. Xia，J. Notte，L. Stern，et al. Enhancement of XeF_2－Assisted Gallium Ion Beam Etching of Silicon Layer and Endpoint Detection from Backside in Circuit Editing［J］. Journal of Vacuum Science & Technology B：Microelectronics and Nanometer Structures Processing，Measurement，and Phenomena，2015，33（6）：06F501.

［13］H. Bender. Application of Focused Ion Beam for Failure Analysis［J］. Informacije Midem-Journal of Microelectronics Electronic Components and Materials，2000，30（4）：216－222.

［14］H. Marchman，J. McMurray，H. Wildman. Conductance-Atomic Force Microscope Characterization of Focused Ion Beam Chip Repair Processes［J］. Journal of Vacuum Science & Technology B：Microelectronics and Nanometer Structures Processing，Measurement，and Phenomena，2002，20（6）：2690－2694.

［15］J. Remes，H. Moilanen，S. Leppävuori. Enhancing IC Repairs by Combining Laser Direct-Writing of Cu and FIB Techniques［J］. Microelectronics Reliability，1999，39（6—7）：997－1001.

［16］K. Miura，K. Nakamae，H. Fujioka. Development of an EB/FIB Integrated Test System［J］. Microelectronics Reliability，2001，41（9—10）：1489－1494.

［17］K. Miura，T. Kobatake，K. Nakamae，et al. A Low Energy FIB Processing，Repair，and Test System［J］. Microelectronics Reliability，2003，43（9－11）：1627－1631.

［18］P. G. Blauner. High Resolution X-Ray Mask Repair［J］. Journal of Vacuum

Science & Technology B: Microelectronics and Nanometer Structures Processing, Measurement, and Phenomena, 1995, 13 (6): 3070 - 3074.

[19] P. Sudraud, G. Benassayag, M. Bon. Focused Ion Beam Repair in Microelectronics [J]. Microelectronic Engineering, 1987, 6 (1—4): 583 - 595.

[20] R. Van Camp, K. Van Doorselaer, I. Clemminck. Reliability of a Focused Ion Beam Repair on Digital CMOS Circuits [J]. Microelectronics Reliability, 1996, 36 (11—12): 1787 - 1790.

[21] Z. Cui, P. D. Prewett, J. G. Watson. Optimization of FIB Methods for Phase Shift Mask Defect Repair [J]. Microelectronic Engineering, 1996, 30 (1—4): 575 - 578.

[22] Z. Cui, P. D. Prewett, J. Watson, et al. FIB Repair of Defects in Rim and Attenuated Phase Shift Masks [J]. Microelectronic Engineering, 1995, 27 (1 - 4): 331 -334.

第六章 聚焦离子束联合使用模式

聚焦离子束作为分析领域中的重要工具，近年来得到了长足的发展。早期FIB为单离子束，仪器中的离子束通常垂直安装对材料进行加工；同时，离子束轰击材料表面，探测器收集激发出的二次电子与二次离子进行成像。但是，单束FIB只能进行离子束的加工与成像，在使用上存在一定的局限性，而FIB与其他设备及部件的联用能够极大地拓展FIB的应用范围，使材料研究尺度从微米延伸到毫米，维度从二维延伸到三维，材料从常规材料延伸到含水材料、生物材料及离子束敏感材料等，满足了在不同领域及不同维度、尺度的研究需求。

FIB在分析中的联用主要包括以下几个方面。

1. FIB与扫描电子显微镜（Scanning Electron Microscope，SEM）的联用系统（FIB-SEM）

FIB与SEM的结合是FIB发展的重要里程碑，它将FIB与SEM的优点相结合，使FIB使用更具普遍性。FIB-SEM除了能进行正常的离子束加工外，还可进行SEM的高分辨成像，同时离子束与电子束成像可进行互补，能够更好地揭示材料的结构信息。此外，FIB-SEM双束系统还可通过连续切片对材料进行三维重构，得到材料在三维立体结构中的信息。

2. FIB与能谱仪（Energy Dispersive Spectrometer，EDS）及电子背散射衍射仪（Electron Back Scatter Diffraction，EBSD）的联用

在材料分析领域，显微结构、成分分布以及取向信息是决定材料性能的关键因素。FIB只能进行截面制备、微纳加工、透射样品制备及形貌观察，无法对材料微区组成及晶体结构、取向等信息进行定量定性分析。FIB与EDS、EBSD的联用，可以解决FIB在材料分析上的不足。EDS能够对材料

所含的元素进行定量定性的分析，通过 EBSD 可以获得晶体材料的结构和取向信息。FIB－SEM 与 EDS、EBSD 结合，可以获取晶体材料的内外部形貌、结构和成分结合，更全面地感知样品的微观信息。

3. FIB 与激光（Laser）联用

传统 FIB－SEM 对材料的加工尺寸限制在微米量级，对于毫米级的大体积加工并不适合。为解决大体积材料的加工，FIB－SEM 与 Laser 联用成为一种解决方式。图 6－1 所示为 FIB－Laser 联用示意图。Laser 加工单元被设计固定在样品舱室之外，这种独特的设计可避免样品加工过程产生的碎屑等污染物对 FIB－SEM 样品舱室造成污染。FIB－SEM 与 Laser 关联过程中，通过特定样品台的定位，可保证 Laser 加工位置与 FIB－SEM 中观察到位置的一致性。

4. FIB 与二次离子质谱仪（Secondary Ion Mass Spectrometry，SIMS）联用

二次离子质谱采用离子束轰击样品表面，通过分析产生的二次离子，获得样品的元素、同位素、组分以及分子构成等信息。得益于 FIB－SEM 系统中 FIB 具有的高横向分辨率，SIMS 在 FIB－SEM 中也具有纳米级横向和纵向分辨率。此外，与 EDS 相比，SIMS 能够对氢、锂等轻元素进行检测，同时可对元素的同位素进行检测，且检测限可达到百万分之一级别，并可识别出化合物的结构和分子组成。

5. FIB 与显微 CT 系统（Micro-CT）联用

显微 CT 基于 X 射线显微成像系统（X-Ray Microscopy，XRM），可以在三维空间内精确地定位特定结构的位置，并进行三维无损表征。结合 FIB－SEM，可精确地切割至特定位置的结构，进而对其进行更高分辨的成像以及元素分析等表征。FIB－SEM 与 CT 的联用，让研究材料内部特定结构变得简单快捷。

6. FIB 与冷冻传输系统（Cryo）联用

能够实现对电子束离子束敏感材料、生物样品及含水样品的原位研究。传统 FIB－SEM 对材料的加工及分析，只能在样品干燥后进行，对于含水含油的材料及生物样品无法进行加工表征，FIB 与冷冻传输系统联用很好地解决了这一问题。在冷冻条件下，样品在极低的温度下能够保持含水材料原有的结构特征，FIB 可在此条件下直接对样品进行离子束切割及 SEM 成像，反映样品原有的结构，获取在干燥条件下无法得到的内部结构特征。

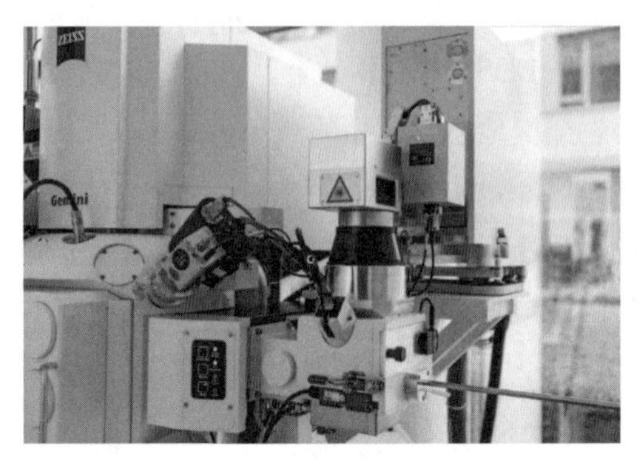

图 6-1　FIB-SEM 与 Laser 联用示意图

6.1　FIB 与扫描电镜及 EDS、EBSD 联合使用

6.1.1　FIB 与扫描电镜联用原理和技术特点

与电子束相比，传统的离子束分辨率不如电子束，且离子束在对材料进行成像时由于扫描的影响会对样品表面造成一定程度的损伤。聚焦离子束-电子束（FIB-SEM）双束系统，在扫描电子显微镜的基础上增加了与电子镜筒成一定角度的离子镜筒，电子束与离子束独立控制，从而实现既有离子束的加工又有电子束的高分辨成像。FIB-SEM 工作原理如图 6-2 所示，SEM 与 FIB 镜筒成 54°（不同厂家设备倾转角可能略有不同），使用 FIB 进行切割时，样品台倾转 54°，工作距离（WD）调节到 5 mm 共焦点位置（不同厂家 FIB-SEM 倾转角及共焦点 WD 略有不同），此时离子束垂直于样品表面。在离子束对样品加工的同时，电子束可同时对样品进行扫描，实时观察样品加工情况，从而实现离子束对样品的精确加工与电子束对样品的高分辨成像同时进行。

FIB-SEM 双束系统中离子束主要进行材料的加工，包括切割与沉积；电子束主要用来进行高分辨成像，同时电子束也可进行低能量沉积。两者结合使用，能够充分发挥离子束与电子束的优点。使用 FIB - SEM 可对材料进行三维重构。所谓 FIB - SEM 三维重构是指在样品中选择一定体积的区域，设定每次离子束切割厚度（可通过辅助软件如 Atlas，精确控制每次切割厚度），离子束切割一次后，SEM 进行成像，循环往复，直到所设定材料体积切割完成。在此过程中得到的 SEM 图像，可通过三维重构软件（如 dragonfly）进行三维重构，以得到材料的三维立体结构。同时，还能够对该三维结构中不同组分及结构进行分析计算，将材料表征从二维延伸到三维。图6 - 3（a)为 FIB - SEM 三维重构示意图，图 6 - 3（b）FIB - SEM 三维重构电镜图。图 6 - 4 为三维重构简要过程图。

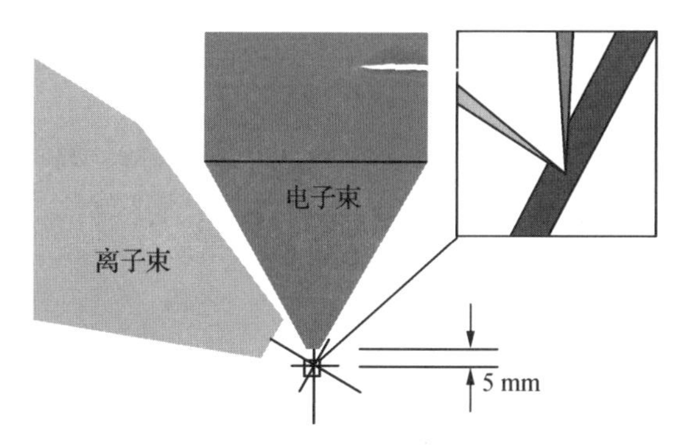

图 6 - 2　FIB - SEM 工作示意图

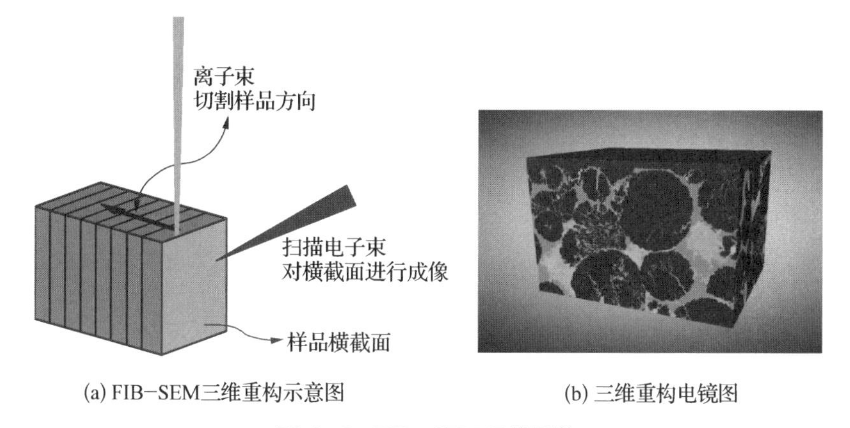

图 6 - 3　FIB - SEM 三维重构

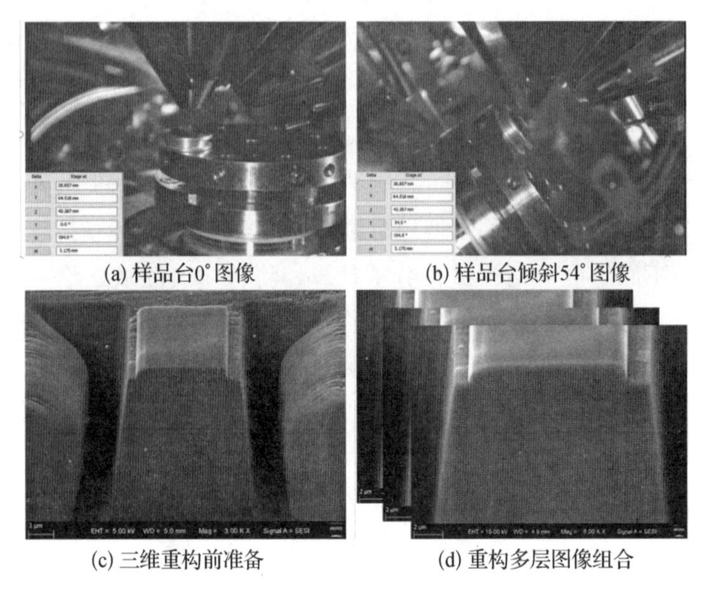

(a) 样品台0°图像　(b) 样品台倾斜54°图像

(c) 三维重构前准备　(d) 重构多层图像组合

图 6－4　三维重构简要过程

6.1.2　FIB－SEM 与 EDS 联合使用原理和技术特点

材料性能与材料结构及组成密不可分，相同的组成不同的结构，抑或是相同的结构不同的组成，材料的性能都会有很大不同。相比于扫描电镜与 EDS 联用，FIB－SEM 同样也可以与 EDS 联用，对材料进行微区成分分析。不同的是，SEM 与 EDS 联用只能对样品表面进行成分分析，FIB－SEM 与 EDS 联用，通过离子束对样品进行切割，可以对材料内部组成进行分析，得到样品内部的组成信息。

图 6－5 为特征 X 射线产生示意图。以原子核为中心，电子轨道从内到外依次被分为 K、L、M、N 等电子层（每层又分为不同的亚层，在此不做过多讨论）。当入射电子与原子发生非弹性散射，内层电子被激发，从而处于高能态。高能态返回低能态可以通过两种方式，即产生俄歇电子或向内层电子跃迁产生特征 X 射线。

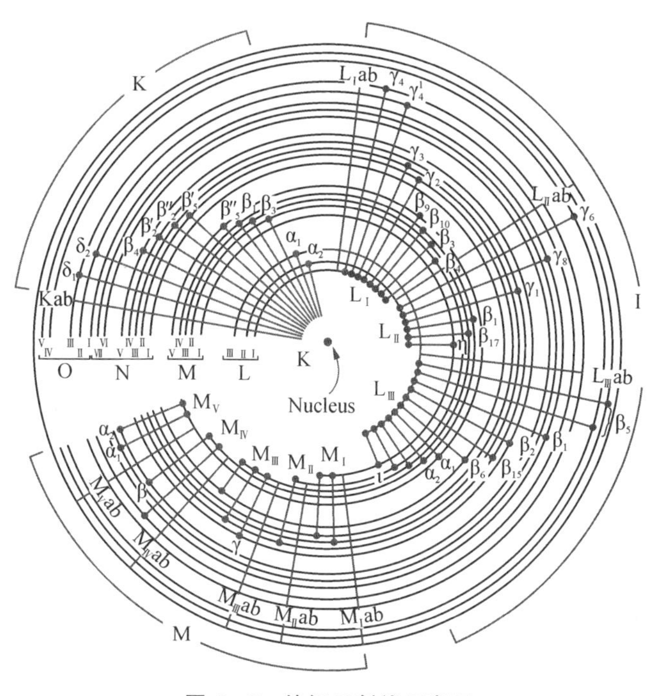

图 6－5　特征 X 射线示意图

在二十世纪初，Moseley 发现特征 X 射线的能量与原子序数存在如下关系：

$$\sqrt{E}=A(Z-C)^2 \tag{6-1}$$

其中，E 表示特征 X 射线能量；Z 为原子序数；A、C 为常数。Moseley 公式表明，通过特征 X 射线的能量可定性测定元素种类，这是 EDS 定性分析的基础。

EDS 除可以进行定性分析外，还可进行定量分析。定量分析包括标样法与无标样法两种。标样法是指在相同条件下（加速电压、工作距离、处理时间、束斑直径等）分别测试标样和待测样品的特征 X 射线强度，并使用相同的校正方法进行校正，然后通过标样中各元素特征 X 射线强度，计算得出待测试样中各元素含量。标样法操作复杂、耗时，因此日常使用中通常使用无标定量法。所谓无标定量是指在定量过程中不进行标样测量，只进行待测样品测量，然后通过能谱厂家给定数据库进行计算得出结果。因为能谱厂家给定数据库的测量条件与实际测量条件不同，所以无标样定量分析结果准确度低于有标定量。但无标定量法操作简单快捷，可满足一般测试需求。

想要在 EDS 测试中产生某元素的特征 X 射线，入射电子束能量必须大于临界能量 E_C，E_C 大于对应元素的特征 X 射线能量。研究发现，为了能有效地激发特征 X 射线，入射电子束的能量 E_0 与 E_C 的比值过压比 U 为：

$$U=\frac{E_0}{E_C} \tag{6-2}$$

考虑到 EDS 测试过程中需要产生更多的信号，一般将过压比 U 设置为 2—3。过压比在 EDS 分析中至关重要，其决定了 EDS 的峰背比 $\frac{P}{B}$（特征 X 射线的强度与背底强度的比值）：

$$\frac{P}{B}=\frac{1}{Z}(U-1)^{n-1} \tag{6-3}$$

不过对于轻元素（Be-Ca），EDS 进行分析时考虑到轻元素的特征 X 射线能量较低，常用 10 keV 以下的较低加速电压进行，以保证 EDS 测量时轻元素有较强的信号量。

FIB - SEM 与 EDS 联用，与传统的 SEM 联用最大的不同在于，除了可以对材料内部区域进行 EDS 测量外，通过特定的控制软件，还能够得到材料在三维结构上的 EDS 结果（3D - EDS），将 EDS 对材料的分析从二维延伸到三维，从而能够从多维度对材料展开分析研究。3D - EDS 的主要实现方式是通过软件的自动化控制，使用离子束对样品切割一定厚度后，自动进行 EDS 面扫（Mapping）分析，当完成给定区域切割后，会得到多张 EDS Mapping 图像，再通过三维重构软件，即可得到如图 6 - 6所示材料的 3D - EDS 结果。

(a) 3D-EDS采集过程软件界面

(b) 氧化铟锡材料3D-EDS图

图 6-6　3D-EDS 的采集与重构

6.1.3　FIB-SEM 与 EBSD 联合使用原理和技术特点

在研究材料的过程中，晶体材料的结构和取向信息同样对材料的性能起着至关重要的作用。如何准确地获取材料的晶体结构信息，成为晶体材料研究者所关注的重点。测定晶体结构和取向的通常有两种方法，一是X射线衍射（XRD）法，该方法虽然可以获得材料结构方面的信息，但很难获得微区及图像化的信息；另一种是通过透射电镜的选区电子衍射（SAED）与相位衬度成像相结合，给出极小区域内材料的晶体结构信息，但透射电镜制样烦琐，对于块体材料的表征更为困难。近年来发展迅速的EBSD技术，可以帮助研究者方便快速地得到晶体材料微小区域内的结构和取向信息，且与透射电镜制样相比，制样更加简单方便，在晶体材料研究中逐渐被广泛应用。

当入射电子跟样品相互作用时，会产生一系列的相干背散射电子，背散射电子再次反射到晶体的晶面，此时如果散射背电子满足布拉格衍射，即入射角等于衍射角（θ），光程差等于波长 λ 的整数倍，背散射电子就会发生相干加强。图6-7为布拉格衍射示意图。

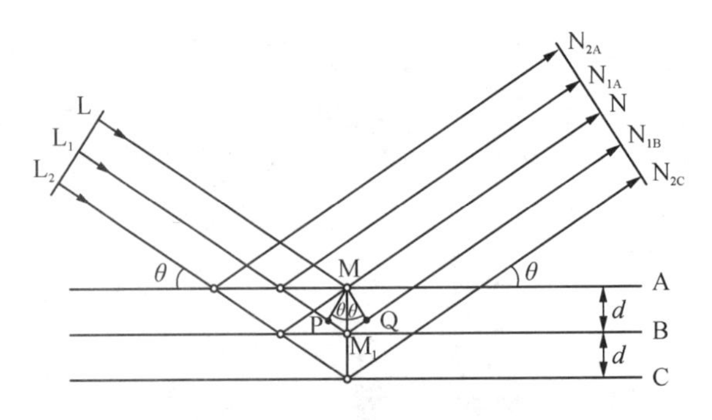

图6-7　布拉格衍射示意图

在FIB-SEM中，使用EBSD得到由菊池带组成的菊池花样，菊池带可以看作是衍射面的投影。如图6-8所示，为了接收更多的信号，样品需要倾斜一定的角度（常用倾斜70°）。菊池花样与晶体的晶面夹角及晶轴夹角相关，由此可以推测出晶体结构。

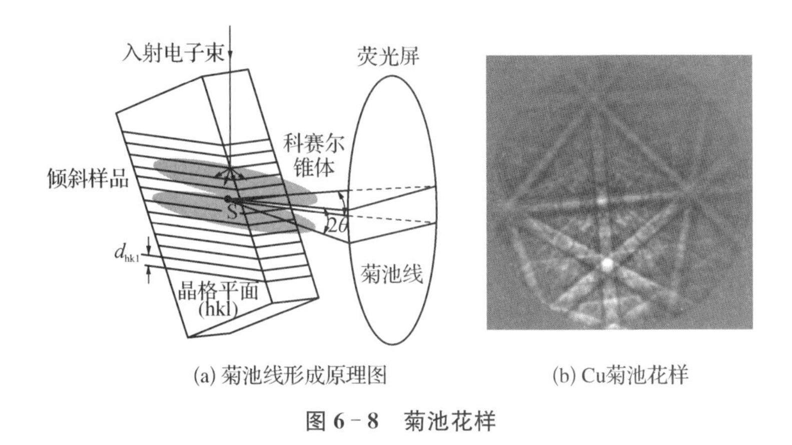

(a) 菊池线形成原理图　　(b) Cu菊池花样

图 6-8　菊池花样

在测得菊池花样后，还要对花样进行标定，从而确定晶体结构。对菊池花样进行霍夫（Hough）变换，将菊池花样的 X、Y 坐标转变为以 θ、ρ 表示的极坐标。如图 6-9 所示，经过 Hough 变换后，可以借助软件内部数据库进行自动标定，确定晶体的结构和取向。

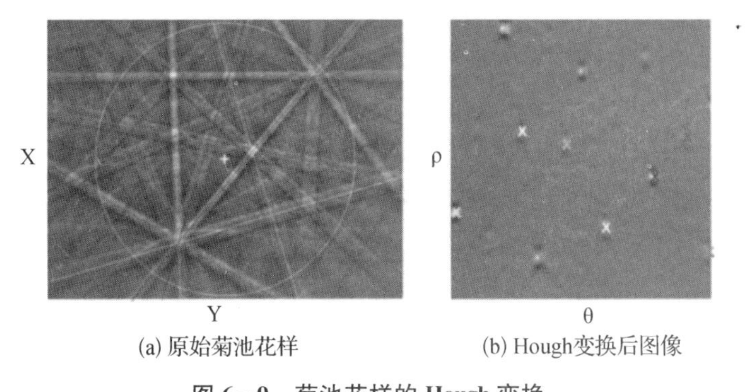

(a) 原始菊池花样　　(b) Hough变换后图像

图 6-9　菊池花样的 Hough 变换

对于晶体材料的微区分析，通常需要对整个分析区域做取向图，以便更好地分析整个区域内晶体结构的关系。利用电子束在整个选定的区域内逐点扫描，每个点分别采集菊池花样并自动进行标定，与数据库内信息对比得到每个点的取向信息，所有点的取向信息组成整个分析区域的取向图。取向图中不同颜色代表晶体结构中的不同取向（不同颜色代表的晶体取向由反极图表示）。

FIB与EBSD联用，不仅可以得到常规的二维平面内的EBSD数据，得益于FIB的精细加工能力，还可得到三维立体结构的取向信息。如图6－10（b）所示，在选定的区域内，FIB在切割设定的厚度后，EBSD可采集切割后截面的取向图。如此反复，可得到一系列的EBSD取向图，通过三维重构软件，即可得到如图6－10（a）所示晶体在三维结构中的取向信息。图6－10（c）—（e）所示为样品采集EBSD前加工的位置、采集位置以及采集过程中的软件界面。

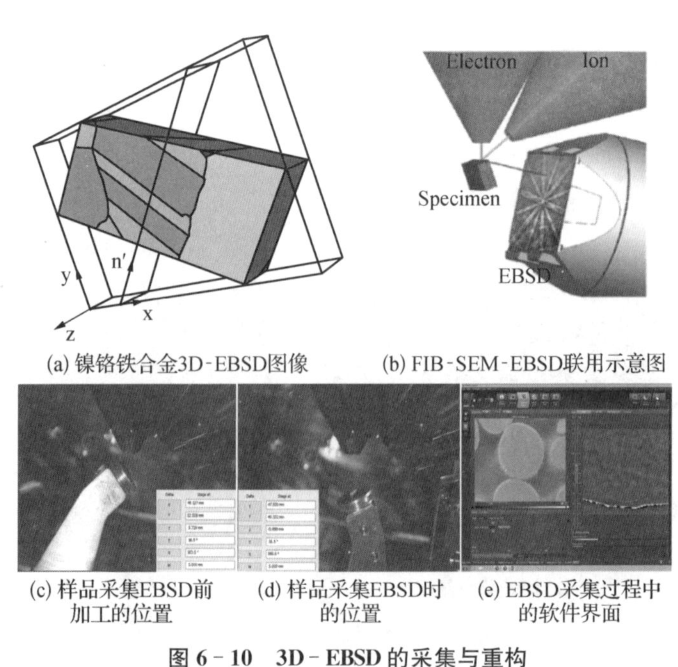

(a) 镍铬铁合金3D-EBSD图像　(b) FIB-SEM-EBSD联用示意图

(c) 样品采集EBSD前加工的位置　(d) 样品采集EBSD时的位置　(e) EBSD采集过程中的软件界面

图6－10　3D－EBSD的采集与重构

6.2 FIB与激光联用的技术原理和技术特点

6.2.1 激光与聚焦离子束联用发展背景

FIB诞生以来在科学研究和工业生产方面表现出巨大应用价值，但是对于百微米及以上的加工尺度，FIB并不能适用。例如下图6-11所示，在半导体行业做失效分析时，针对深埋于数百微米下的缺陷，如果用传统FIB（甚至等离子体FIB）将花费数天时间，因此出现了激光技术与FIB联用，即先利用激光除去大体积材料，再根据需求用FIB进行精细加工，以解决大尺度快速材料去除与高精度加工的难题。

事实上，早在2012年Zeiss公司就推出了纳秒激光和FIB联用的技术，但纳秒激光在加工时由于热传导至样品会产生局部高温，可能导致加工表面结构被破坏，产生近20 μm范围的热损伤区域（HAZ）。采用更短脉冲波长的飞秒激光可以使加工样品产生的热损伤区域减小。2017年，Pfeifenberger首次报道了飞秒激光和SEM联用制备悬臂梁用于微机械力学测试；2020年Barnett报道了飞秒激光和FIB-SEM系统联用的方案，显著减小了HAZ。激光与FIB联用获得了相比传统FIB三个数量级以上的材料去除速率提升，因此也催生了大量新的应用场景，比如极大体积截面加工失效分析、大尺度微纳加工、TEM薄片加工等。

图6-11 激光-FIB联用进行集成电路封装器件失效分析

图 6 - 12 为 Zeiss 公司最新飞秒激光- FIB 系统，从中可以看到其激光加工腔体是完全独立于 FIB 加工腔的，可以避免因飞秒激光加工产生的大量颗粒物污染 FIB - SEM 主腔体，而加工产生颗粒落在了激光加工腔体，只需要定期清理该腔体即可。这种联用系统因配套关联定位方式，在激光加工完毕后可以快速转移至 FIB 主腔体，利用 FIB 高精度加工能力进行精修加工。

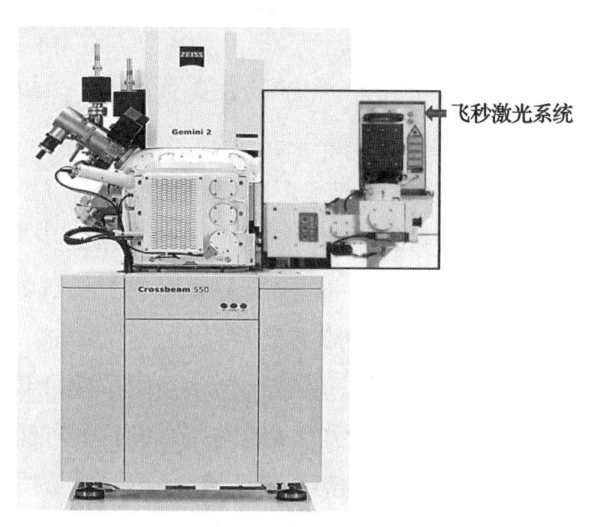

图 6 - 12　搭载飞秒激光系统的 Crossbeam 系统

激光- FIB 联用技术一般通过图 6 - 13 所示的工作流程完成加工（以 Zeiss 公司激光- FIB 联用系统为例）。首先通过主腔室 SEM 定位目标加工位置，然后识别专用样品台上的四个定位光阑孔位置获取加工目标相对坐标位置，待样品转移至激光加工腔体后，通过激光去扫描专用样品台上的四个定位光阑孔，这样就获取了 SEM 视野下待加工目标的相对坐标位置，实现了激光- FIB 的关联定位。设置好激光加工参数，完成加工后再将样品回转至 FIB 主腔室，定位至目标加工位置，利用 SEM 可确认加工效果，也可根据实际情况决定是否选用 FIB 进行精加工。

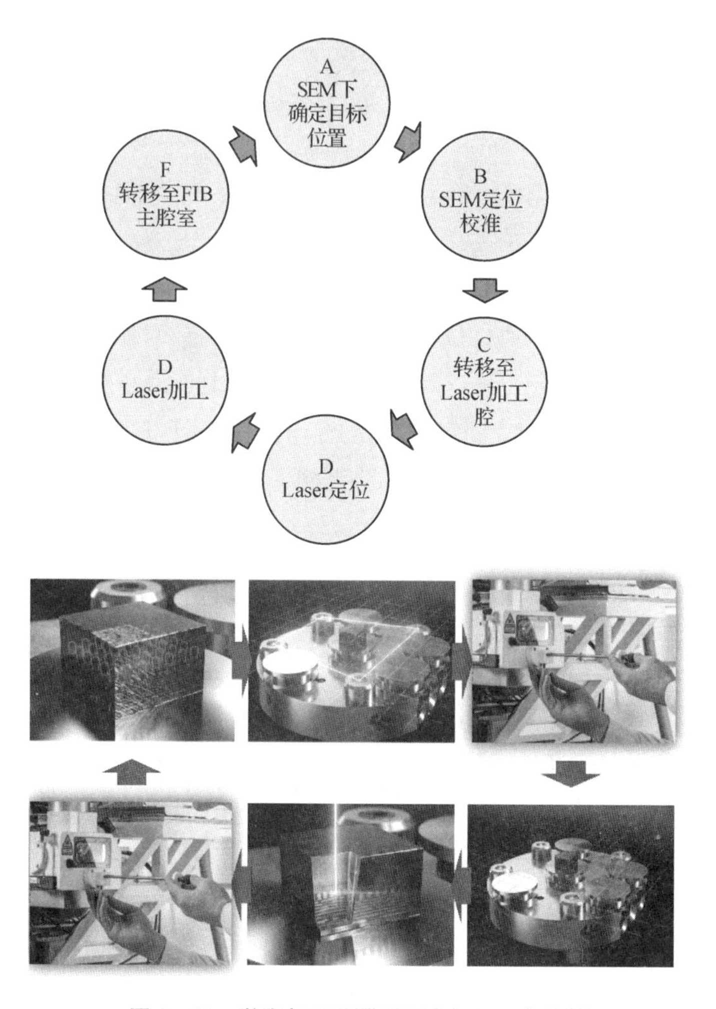

图 6-13　激光与 FIB 联用定点加工工作流程

6.2.2　FIB 与激光联用在 TEM 制样中的应用

FIB 广泛用于定点 TEM 薄片样品的制备，而飞秒激光具有快速去除材料的能力，将激光与 FIB 联用为制备深埋在样品中的感兴趣区域（ROI）的 TEM 薄片提供了可能。

激光与 FIB 联用制备目标区深埋 TEM 薄片的一般流程如下：

步骤一：如图 6－14（a）和（b）所示，将样品贴在样品台表面，放入激光加工腔室。

步骤二：如图 6－14（c），在目标位置两侧利用激光对样品进行刻蚀，快速消除目标区域两侧的材料（块体尺寸 350 μm×300 μm，顶部厚度约 10 μm，耗时 80 s）。

步骤三：如图 6－14（d）所示，样品转移至 FIB 主腔室，利用离子束对样品两侧进行精抛，并进行 U 形切割获得悬臂样品（薄片尺寸 220 μm×104 μm，顶部厚度 4.5 μm，65 nA 离子束流，加工耗时 3 小时）。通过纳米机械手将步骤二获取的大薄片固定在铜网上，利用机械手进行取样。

步骤四：如图 6－14（e）所示，将铜网平放，利用 FIB 加工至距离表面一定深度的目标位置。

步骤五：如图 6－14（f）所示，将铜网竖直放置，利用 FIB 对特定目标位置进行样品减薄，并利用低电压离子束去除非晶层。

(a) 待加工样品放置特定样品台上

(b) 使用Laser进行大体积加工

(c) 大尺寸样品加工完成

(d) FIB下大尺寸样品转移至铜网

(e) FIB加工至目标位置

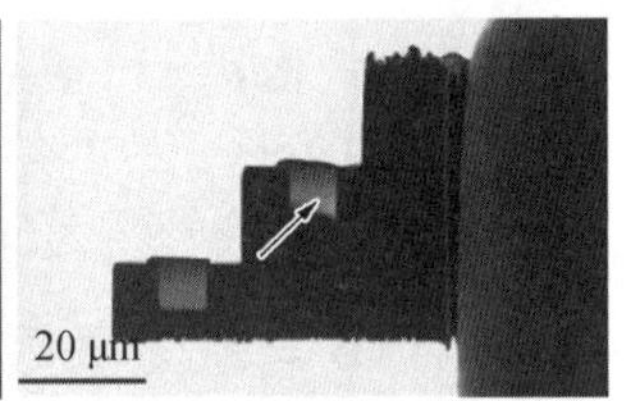

(f) FIB进行目标位置减薄

图 6－14　激光与 FIB 联用制备目标区深埋 TEM 薄片

6.2.3　FIB与激光联用在微纳结构加工中的应用

激光微机械加工是一种成熟技术，广泛用于工业激光打标、钻孔及工件切割。FIB自20世纪80年代诞生以来，已经在微纳加工领域大放异彩，成为不可或缺的利器。将激光与FIB关联可以实现纳米级、微米级甚至毫米级尺度的加工精度，大大拓展了应用范围。

同时，激光与FIB联用技术特别适合加工一些对单FIB加工有挑战的材料。离子束加工一些高密度和硬的材料时往往充满挑战，如果是去除数十立方微米的材料尚可勉力为之，对数百立方微米的材料则无能为力。如图6－15（a)所示，利用Xe-FIB去除约1 mm^3 体积的XeW/C-Co合金材料来得到宽180 μm、高120 μm的“合金岛”需要86天时间，而通过激光加工则只需要85秒。同样加工如图6－15（b）所示的超硬核级石墨材料柱状结构，通过激光加工去除大约0.25立方毫米材料只用了750 s，如果只用FIB进行加工需要花2000倍以上的时间。

图6－15　激光微纳加工设置图形的操作界面及加工案例

激光与FIB联用技术在三维原子探针（3DAP）的加工中也具有独特的优势。三维原子探针在纳米尺度分析中具有重要的应用，但加工一直是一个难题。通常FIB制备三维原子探针需要先切取一小块加工探针的材料并将其固定在支撑底座上，之后再通过离子束进行环形减薄，最终获得三维原子探针。这一过程难点主要在于将探针材料固定在支撑底座上，往往由于操作问题会导致探针样品固定不牢固或者不垂直于基面，从而造成加工失败。采用激光与FIB联用技术，可以实现在材料基体上的原位制备，从而有效地解决这一问题，实现高效快速的三维原子探针加工。

图6-16所示提供了一种利用激光与FIB联用原位制备三维原子探针样品的方案：

第一步：通过局部坐标校正的方法对目标位置进行精准定位，找到加工位置（图6-16 a，左侧为Laser定位样品台和软件，右侧为定位效果）。

第二步：利用激光加工获得柱子（图6-16 b中柱高120 μm，直径约14 μm;外围加工深度120 μm，直径500 μm。左侧是圆形图形加工的软件界面，右侧是加工后的效果）。

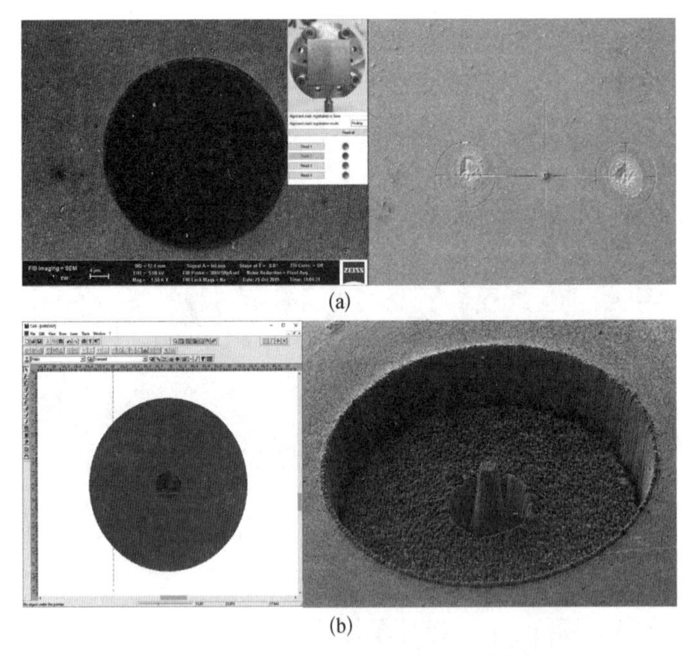

(a)

(b)

图6-16　原位三维原子探针样品制备激光加工过程

第三步：转移到FIB加工腔室内进行加工，通过离子束进行精修（图6-17 a和图6-17 b）。

第四步：采用低电压离子束去除表面非晶层，得到尖端直径80 nm的探针状样品（图 6 - 17 c)。

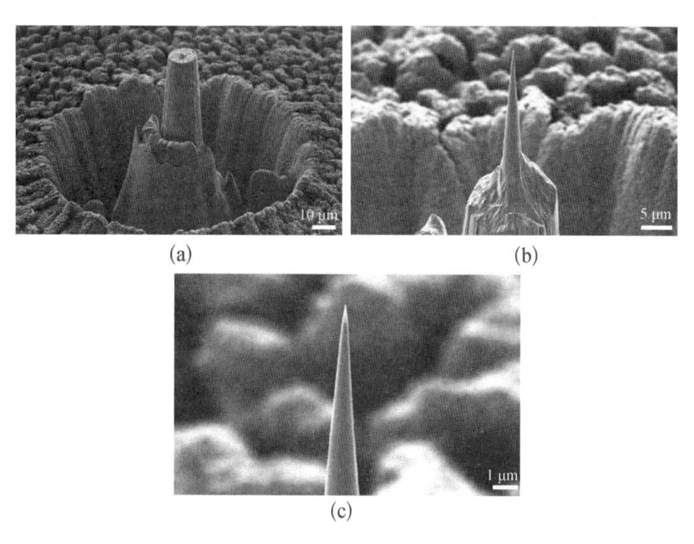

(a)　(b)　(c)

图 6 - 17　原位三维原子探针样品制备 FIB 加工过程

在样品的整个制备过程中，无需通过 lift-out 切取探针材料，也无需利用离子束沉积固定样品于支撑底座上，通过原位加工有效地避免了探针不垂直以及因固定不牢导致的脱落问题。

6.3　FIB 与二次离子质谱联合使用

6.3.1　FIB 与二次离子质谱联合使用原理和技术特点

FIB 中聚焦的离子束作用在样品表面，由于其具有一定的能量和动量，在样品表面可以发生弹性碰撞和非弹性碰撞。弹性碰撞是离子和样品表面的原子之间发生的碰撞，原子获得能量离开样品，从而产生溅射的效果。FIB -SIMS 联用正是利用了离子束溅射的能力，对样品进行表面以及深度方向的成分分析。

二次离子质谱仪（Secondary Ion Mass Spectrometry，SIMS）可以对离子的质量进行分析，从而得到样品的成分信息。集成在 FIB 上的 SIMS 通常是飞行时间二次离子质谱仪（Time of Flight Secondary Ion Mass Spectrometry，TOF-SIMS）。SIMS 通过 port 口连接固定，从而实现和 FIB 的联用（图 6-18）。图 6-19 左右所示分别是 TOF-SIMS 探头未工作以及工作时的位置。当 TOF-SIMS 在使用时，探头会插入指定位置，提高二次离子的采集效率；不用时，探头会回退到安全位置，不影响其他功能的正常使用。

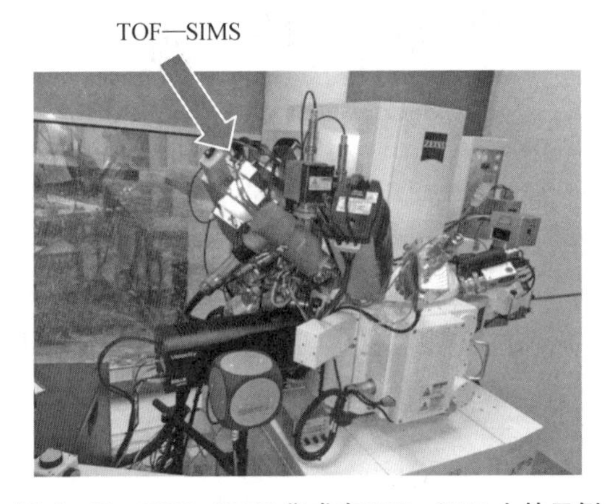

图 6-18　TOF-SIMS 集成在 FIB-SEM 上的示例

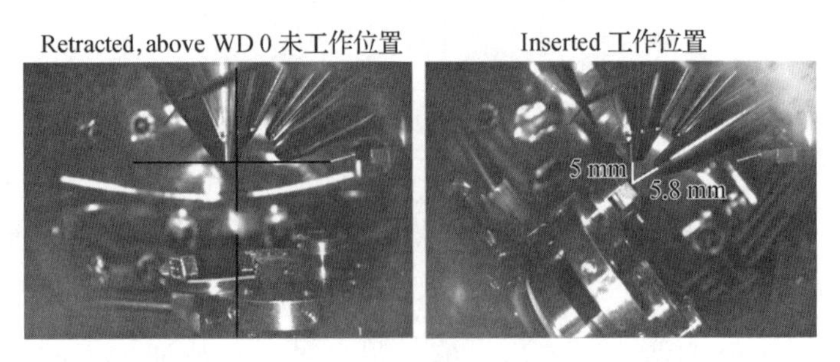

图 6-19　TOF-SIMS 探头在样品仓内示意图

在 TOF－SIMS 中，被聚焦离子束激发出的二次离子经过一段特定距离的飞行后进入 SIMS 探头中，其飞行时间由于离子束的质荷比不同而不同（图 6－20）。质荷比越大，所需的飞行时间越长。被收集的离子进入离子质谱仪后被分析，从而得到质谱图。

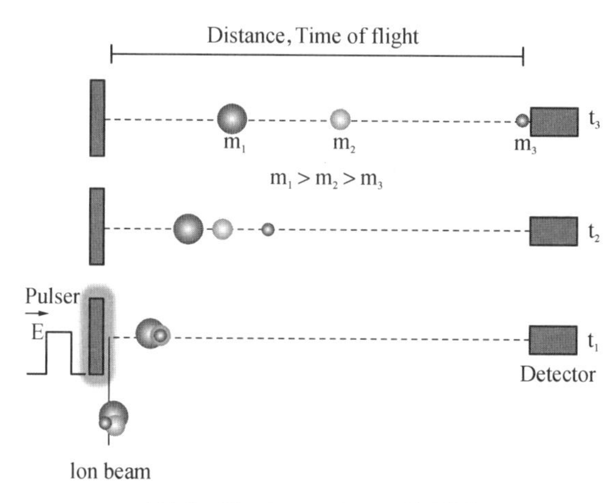

图 6－20　TOF－SIMS 原理图

不同于能谱的分析，二次离子质谱仪可以对微量元素进行分析，探测极限可以低至百万分之一量级；也可以对轻元素如氢和锂等进行检测分析；同时可以检测同位素以及分子、离子等。结合 FIB 溅射去层（delayer）的能力，集成在 FIB 上的 SIMS 不仅可以进行表面成分分析，还可以对材料进行纵向的元素分析。由于聚焦离子束有较好的束斑特性，FIB－SIMS 的横向分辨率可达 35 纳米，纵向分辨率可达几纳米。

6.3.2　FIB 与二次离子质谱联合使用在材料分析中的应用

FIB－SIMS 在材料分析中的应用非常广泛，如金属晶界的元素分布分析、不同薄膜元素分析以及锂离子电池中锂元素的分布分析等。

以铜铟镓硒薄膜（Copper Indium Gallium Selenide，CIGS）太阳能电池为例，常见的铜铟镓硒电池的结构和 SEM 截面示意图如图 6－21 所示。示意图从下到上依次是玻璃基底、钼电极、铜铟镓硒吸收层、硫化镉缓冲层、约 50 nm 厚的无掺杂或本征的氧化锌，以及一层作为前接触层的较厚的铝掺杂氧化锌。其中痕量的碱金属元素如钠和钾的引入，可以提高太阳能电池的效率。在生长过程中，碱金属元素从基底逐渐扩散到 CIGS 中。碱金属的含量低于 EDS 的检测极限，所以在此使用 FIB - SIMS 对样品进行分析。

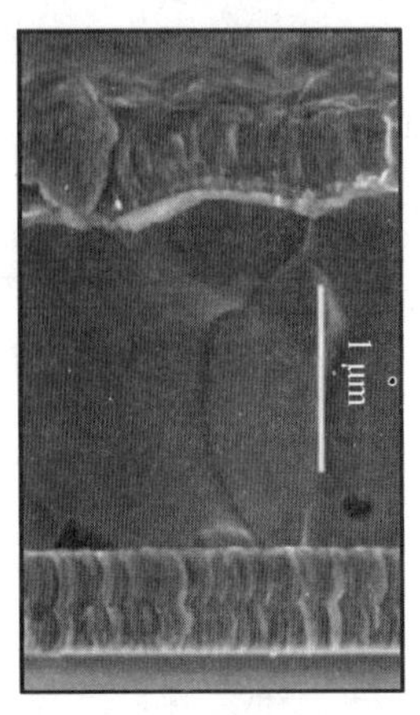

(a) CIGS太阳能电池SEM截面图

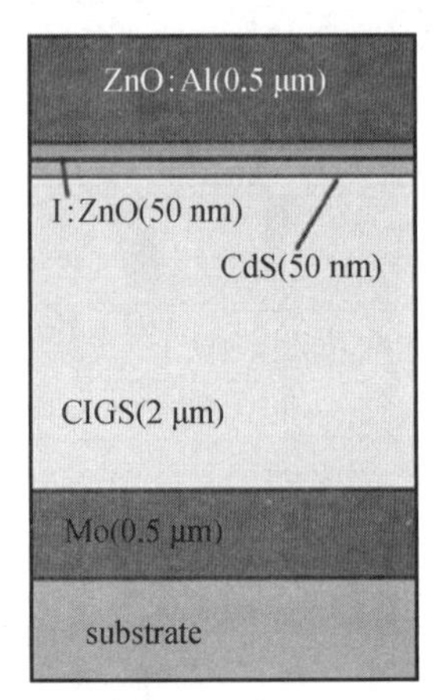

(b) CIGS太阳能电池结构示意图

图 6 - 21　CIGS 结构与 SEM 截面示意图

首先使用 FIB 对样品表面进行缓慢的刻蚀工作。在刻蚀过程中，被溅射出的二次离子进入质谱仪中，质谱仪依据荷质比的不同进行分析。随着刻蚀循环次数的增加，被分析的不同元素信息随着深度的增加呈现出不同的计数。

在本实验中，分别对玻璃基底和氧化铝基底生长的 CIGS 进行相同参数、深度的分析（图 6 - 22）。两个样品虽然采集深度相同，铟（In）元素的变化曲线相同，但是钾（K）和钠（Na）的含量明显不同。相对于氧化铝基底，玻璃基底的薄膜中所含有的钾和钠普遍较高，这是因为玻璃基底中含有碱金属元素。

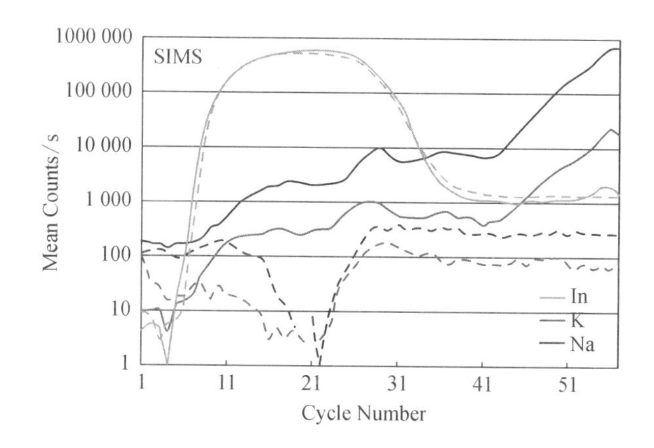

注：实线是玻璃基底，虚线是氧化铝基底

图 6 - 22　In、K 和 Na 元素随着刻蚀循环次数变化的曲线图

需要注意的是，本实验中并未对 K 和 Na 进行定量分析。在 SIMS 中，被溅射区范围附近的材料对于二次离子产率影响非常大，因此如果需要对样品进行定量分析，需要一个带有准确元素含量的 CIGS 样品进行标定。

6.3.3　FIB 与飞行时间二次离子质谱联用三维分析简介

本小节将以三维 FIB - SIMS 测试为例，简述实验过程。

在感兴趣区设置镓离子束的刻蚀参数，让离子束逐点（像素点）、逐线、逐帧地扫描（图 6 - 23 a）。在实验中，通常会设置较短的离子束驻留时间，相对应的，每个像素点都会得到对应的质谱结果。考虑到质谱信噪比可能会较差，可以合并几个像素点（binning）的质谱结果进行分析，这样可以有效提高谱图的质量。每个点的质谱都可以单独分析不同质荷比离子的谱图，根据每个离子不同点的谱图结果，可以得到面分布结果（图 6 - 23 b）。逐帧地扫描之后，可以分析相同点的元素纵深分布，并得到三维的元素分布结果（图 6 - 23 c）。

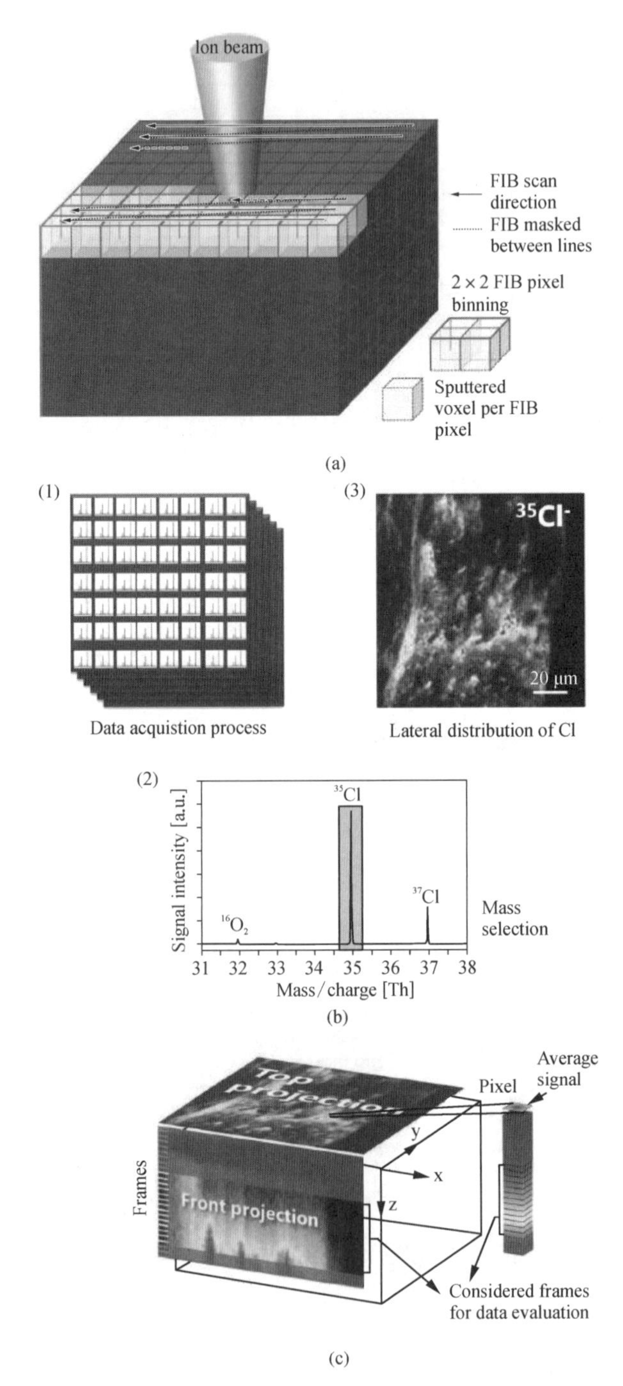

图 6-23　质谱采集过程和结果示例

因为采集的数据较多，FIB－SIMS 三维分析的数据量会高达几个 GB，分析数据也会需要一定的时间以及经验和知识的积累。做完 3D－SIMS 分析后的样品，因为被镓离子束在同一位置进行过多层均匀刻蚀，是有损实验，所以样品表面有矩形坑（图 6－24）。

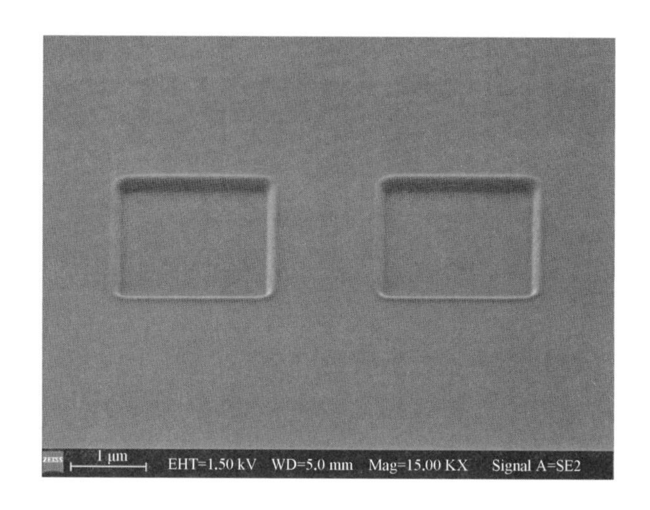

图 6－24　3D－SIMS 分析结束后样品表面示例

6.4　FIB 与光镜及 CT 联合使用

随着科技的不断进步，对材料的研究也日趋精细与复杂。材料的研究一般追求整体化组合解决方案，以实现多方面和不同角度数据的关联互通，这对于研究手段和工具提出了更高要求。图 6－25 展示了 Zeiss 显微镜系列产品提供的从毫米、微米到亚纳米，从二维到三维的逐渐过渡，为材料的研究和表征提供了多手段、多尺度、多维度的联用分析和研究平台。

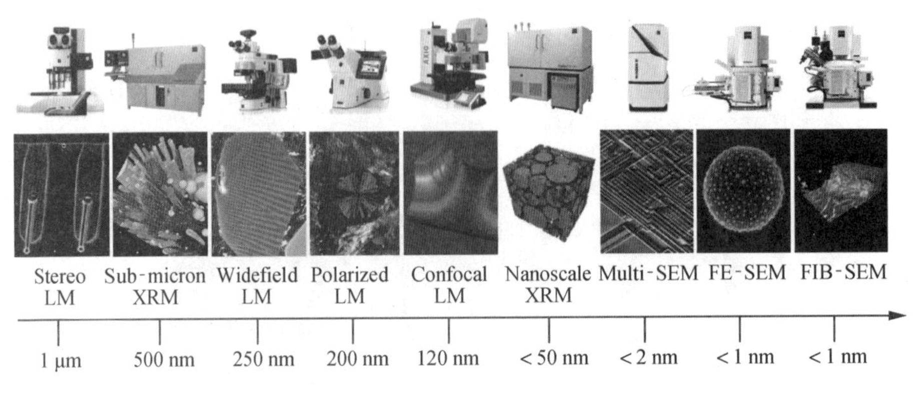

图 6-25　显微镜系列产品跨尺度联用解决方案

本节主要从光镜、FIB 及 CT 之间的联合使用进行介绍，包含光镜、FIB、CT 的联合使用原理和技术特点及其在芯片和矿物分析中的应用案例。

6.4.1　FIB 与光镜及 CT 联合使用原理和技术特点

FIB 一般采用镓离子或氙离子作为离子源进行加工，可以进行截面观察、透射样品制备、3DAP 制备、三维重构、微纳加工。该技术能够表征材料的内部结构、形态与分布特征，具有很广泛的适用性。其中，加工位置的定位是 FIB 工艺中的关键，这一过程通常采用电子束和离子束成像进行，但对于一些特殊样品（如表面有氧化硅等保护层）或多层结构样品（如芯片器件）的加工定位往往是一个难题。

光镜以可见光为照明源，对材料进行反射光（透射光）成像，可很好地表征材料的偏光、荧光、颜色、组织结构等信息，呈现材料的毫米和微米级二维或三维形态与分布特征，在特定样品（如表面有氧化硅等保护层）以及样品粗定位方面具有明显的优势。

材料 CT 成像系统是工业计算机断层扫描成像系统，根据辐射在被检测样品中的吸收变化，结合计算机信息处理和图像重建技术进行成像。Zeiss 的 X 射线成像系统（XRM），源于美国同步辐射国家实验室，不仅可以实现三维高分辨无损成像，而且还存在两大技术优势：一是大样品高分辨率成像能力，利用光学和几何两级放大提升对大样品内部高分辨率成像的能力；二是高衬度成像能力，根据样品类型和成像速度要求，灵活地移动样品、X射线源和成像系统，任何条件下都可以得到最好的分辨率和图像衬度。但是，其分辨率受材料性质和大小影响较大，比FIB的分辨率稍低。

为充分发挥光镜、FIB、CT联用各个模块的独特优势，实现更好的效果，可以通过软件和硬件关联的方法将仪器双双联合或者多设备联合，进行跨尺度和多维度的集成（图6-26）。从毫米到微纳米、从静态到原位、从表面形貌结构表征到高通3D数据采集分析的多尺度、多维度联用研究平台，为日益复杂的材料研究提供更加完善的解决方案，为向大数据和智能化发展的材料检测平台添砖增瓦。

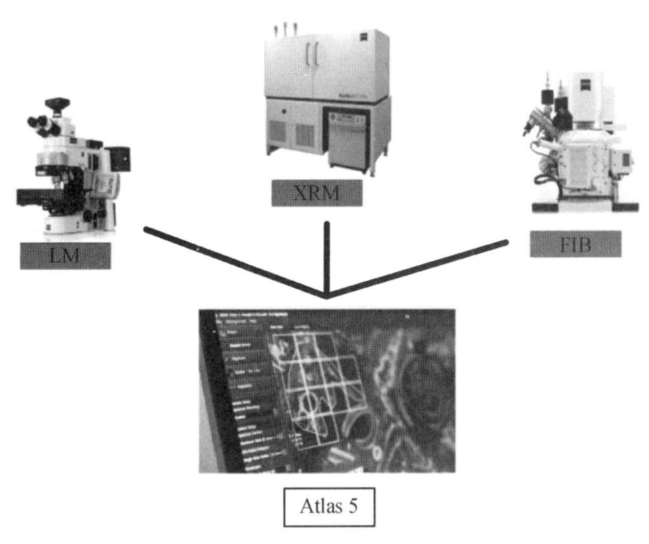

图6-26　光镜、FIB、CT通过软件Atlas 5进行联用

光镜可以在微米级别为FIB实现样品表面定位，利用软件关联，可一键定位到感兴趣区域，精准地对样品进行高分辨观察、截面切割、加工和表征。CT可以实现样品内部结构扫描和表征，样品转移到FIB后，关联软件可以精确给出加工位置和加工路径的指示，快速加工定位到感兴趣位置，获得样品内部三维形貌结构信息，使得对样品的研究更加全面、多元化。目前，FIB和CT联合使用技术在生命科学、半导体、地矿、纳米材料、锂电池、新材料等领域有着广泛的应用。图6-27为FIB-光镜联用流程，图6-28为FIB-CT联用流程。

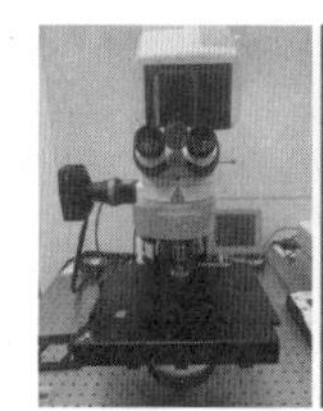

(a) 样品使用光镜进行图像拍摄

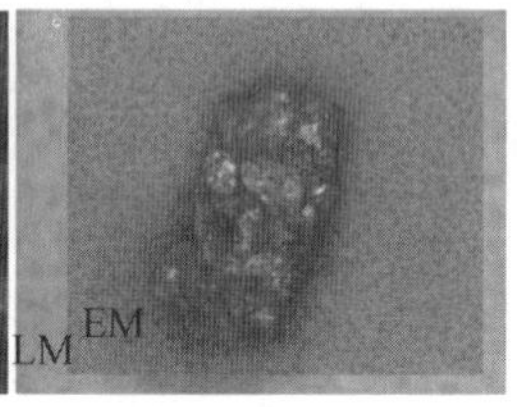

(b) 样品放置于FIB腔室中进行电镜图像拍摄

(c) 两张图片采用软件进行坐标关联

图6-27　FIB-光镜联用流程

(a) 待加工样品放置特定样品台上

(b) 放置于Laser腔室中进行加工

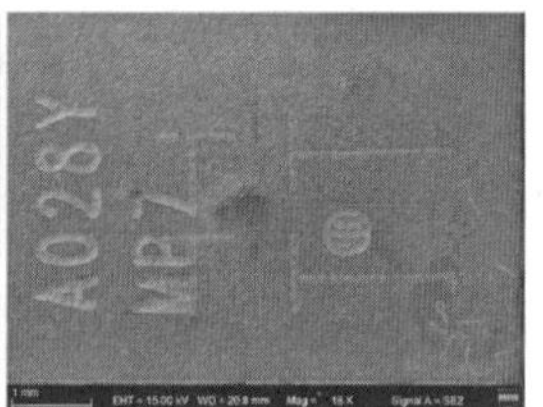

(c) 样品表面标尺加工

(d) 将样品转移至CT中进行无损扫描

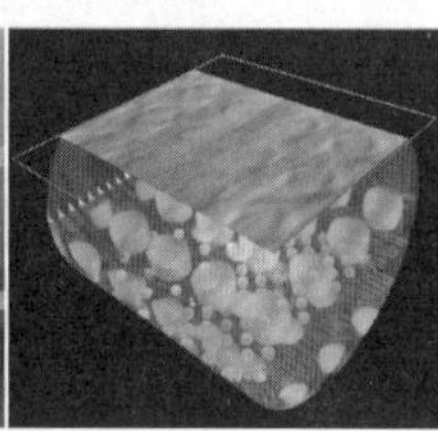

(e) 获得样品的虚拟三维重构图像，并以标尺为参考找到特定位置

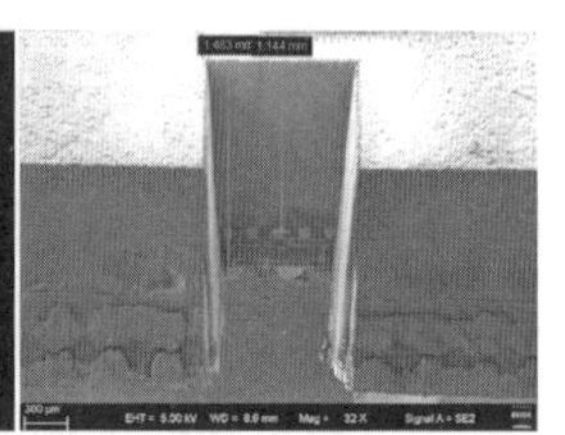

(f) 使用Laser-FIB进行加工

图6-28　FIB-CT联用流程

6.4.2　FIB与CT联合使用在芯片分析中的应用

芯片的制造过程包括芯片设计、加工、光刻、刻蚀、薄膜沉积、测试、封装等过程，整个生产过程中会涉及质量监控、工艺诊断、器件性能分析、失效和可靠性研究等步骤。FIB及其联用系统为芯片的顺利制造提供一定的仪器测试和性能分析保障，如表面形貌观察、截面加工、三维重构、缺陷观测、电路修复、电压衬度像观察、逆向工程等。图6-29展示了由Zeiss XRM、Laser和FIB联用提供的快速和高质量的芯片缺陷分析测试流程。整个测试流程如下：首先大致确定故障点位置，接着用XRM进行芯片缺陷的3D重构，用关联软件在FIB中定位到缺陷点，并用Laser进行截面加工到失效点附近，最后用FIB进行离子束的精细抛光。

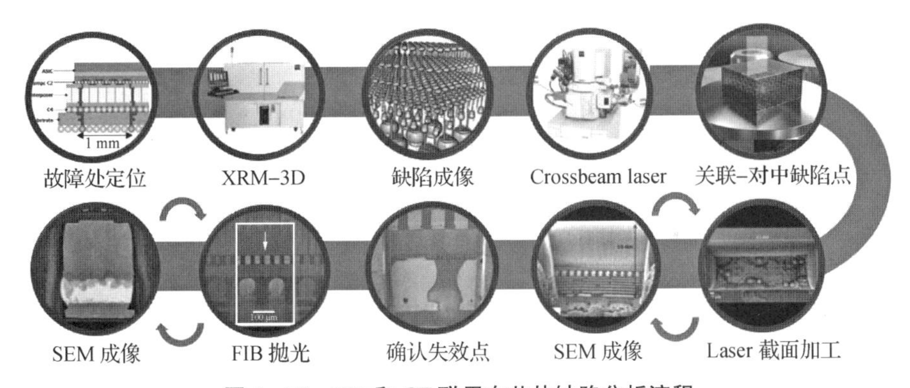

图6-29　FIB和CT联用在芯片缺陷分析流程

XRM、Laser与FIB联用具体工作流程如下：

第一步：用XRM进行3D扫描重构（图6-30和图6-31）。

第二步：用FIB-Laser刻蚀两组标记（图6-32）。

第三步：用软件关联，在标记处附近用XRM进行3D扫描，确定缺陷点的具体位置。

第四步：用FIB-Laser加工到缺陷点附近（图6-33）。

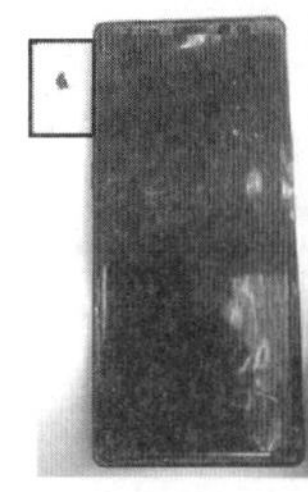

(a) 取手机破损显示器的一部分，将其装在XRM扫描的针上

(b) 引脚安装在Laser-FIB样品台上

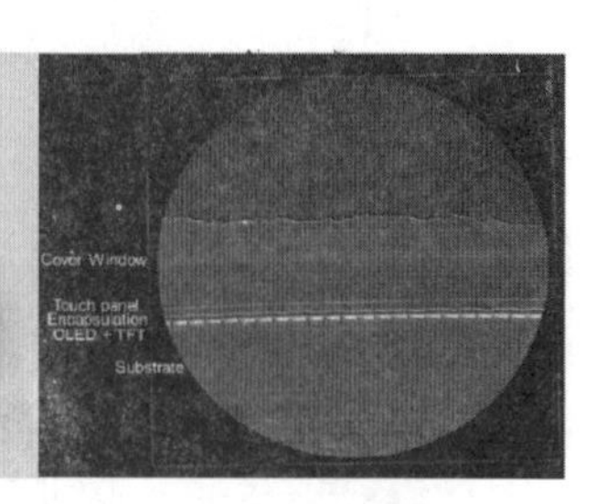

(c) XRM扫描横截面

图 6-30　利用 XRM 进行 3D 扫描重构（1）

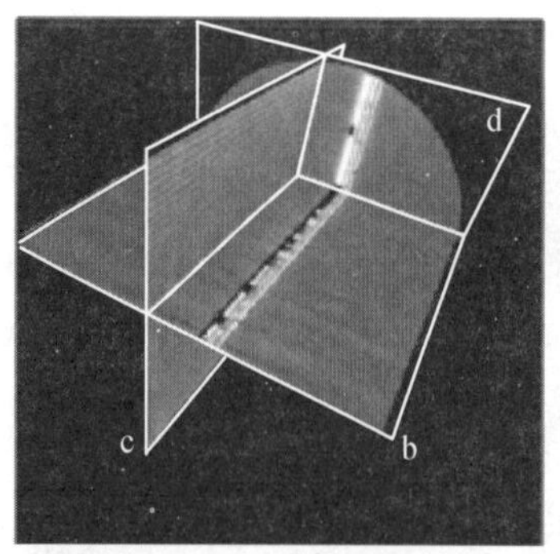

(a) 3D 重建结果，突出显示3 个正交平面中的横截面

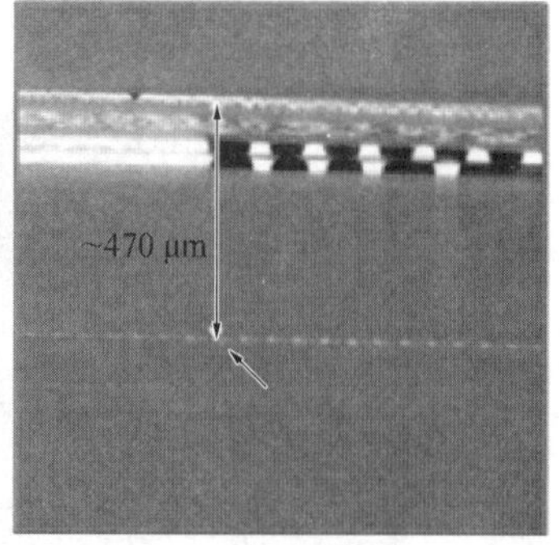

(b) 缺陷点

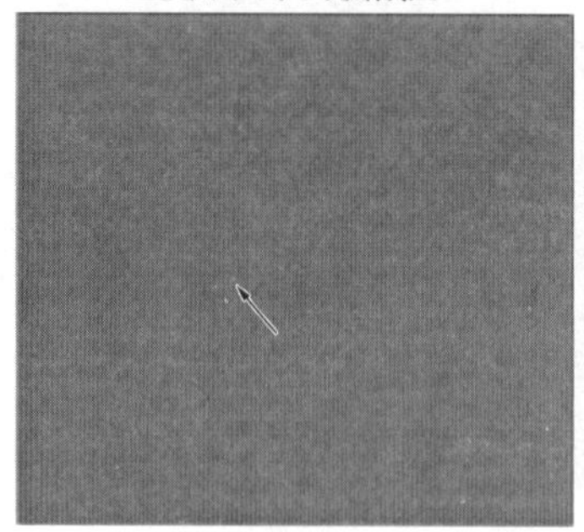

(c) 缺陷点

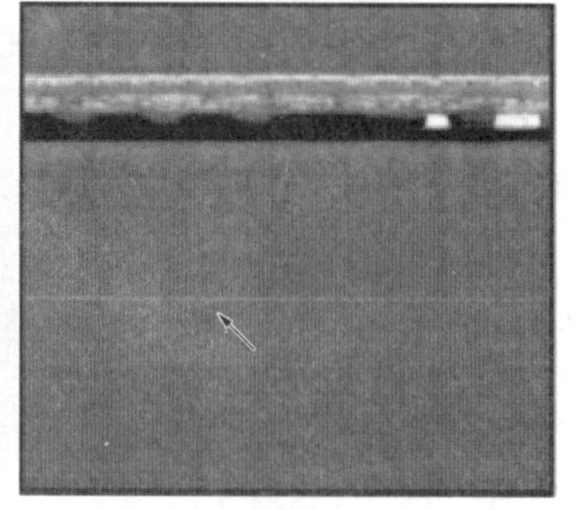

(d) 缺陷点

图 6-31　利用 XRM 进行 3D 扫描重构（2）

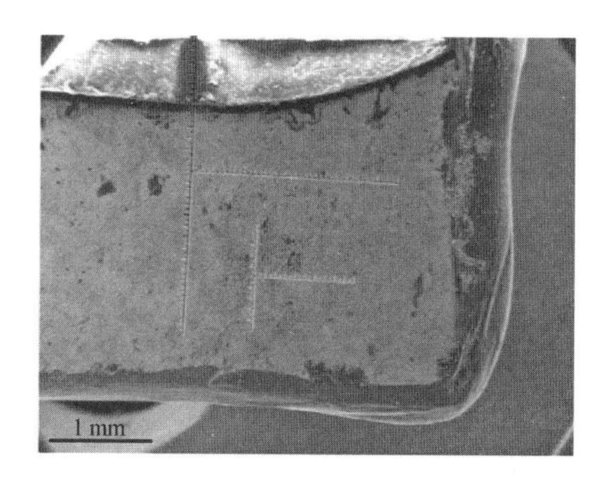

图 6－32　使用 Laser 做双尺网格的标记

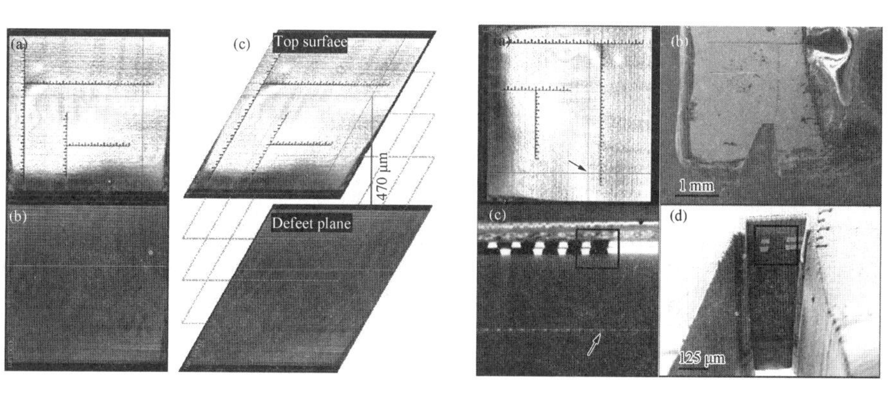

注：左图通过 XRM 构建的截面，确定缺陷在垂直平面投影的 470 μm 处；右图标记

图 6－33　利用 FIB－Laser 进行加工

第五步：用 FIB 进行精细抛光缺陷点和成像。

第六步：用 XRM 进行 3D 扫描验证（图 6－34）。

XRM、Laser 和 FIB 联用的测试手段在深埋先进封装失效分析中具有如下特点：一是 XRM 可以实现芯片的快速无损三维检测；二是 Laser 可以快速准确实现深埋缺陷位置的暴露；三是 FIB 可直接进行加工。三者联用，可以规避传统手段的缺点，快速精准和高质量地实现对深埋先进封装失效分析，简化工作流程，提升失效分析的成功率。

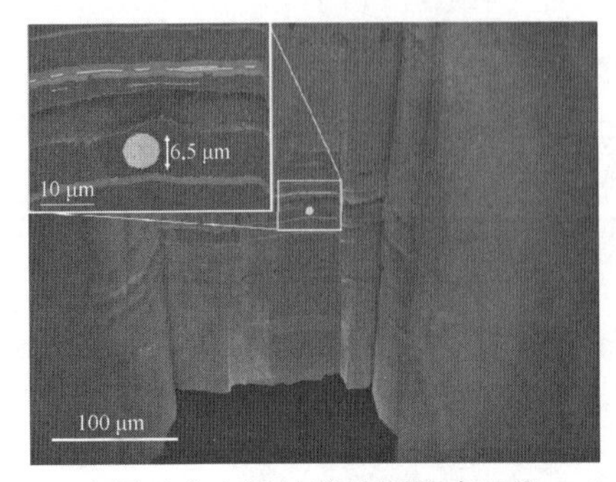

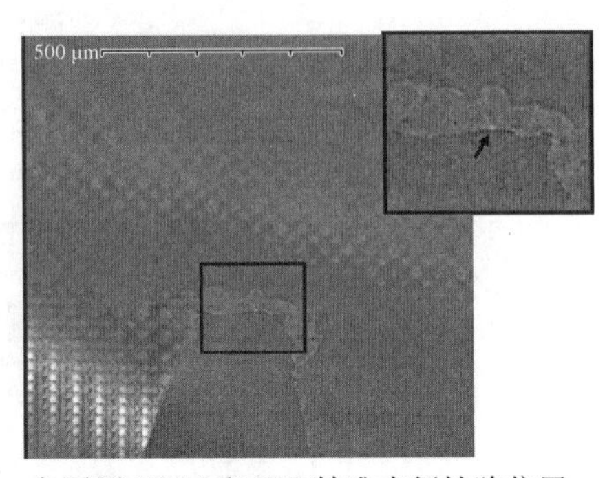

左图确定金属缺陷的颗粒直径为 6.5 μm；右图用 XRM 和 FIB 精准表征缺陷位置

图 6－34　利用 XRM 进行 3D 扫描验证

6.4.3　FIB 与 CT 联合使用在矿物分析中的应用

FIB 和 CT 作为材料微观结构表征的高端仪器，一直发挥着重要的作用，提供了前所未有全面的灵活性。特别是近年来，FIB 和 CT 的联用在矿物分析的应用方面取得了不错的进展。页岩、煤炭等矿产资源具有复杂的成分和结构非均质性，内部多以微纳米级结构为主，常规分析测试手段已无法满足研究需求。FIB 和 CT 联用技术可以在不破坏样品的前提下，对岩石矿物的内部结构、孔隙、气泡及内部流体等进行高分辨的二维、三维成像，从而为矿物分析提供了有力的保障。

嫦娥五号月壤样品分析就采用了 FIB 与 CT 联用技术，在研究中使用了 Zeiss FIB 和 XRM 等实验仪器。实验借助联合使用的高精度与可靠性等优势特点，对月壤样品快速准确地定位到感兴趣区域（ROI），并对目标 ROI 进行 3D 重构、FIB 截面抛光、能谱分析等一系列的表征。

具体的实验步骤如下：

第一步：利用 XRM 对月壤进行无损高分辨三维检测，获得样品内部的具体结构信息；利用 XRM 的虚拟 2D 切片确定 ROI（图 6－35 a和图6－35 b）。

第二步：利用 FIB 上配置的飞秒激光，快速完成毫米尺度的材料去除，让 ROI 暴露出来（图 6－35 c 和图 6－35 d）。

第三步：利用 Atlas 软件，根据 XRM 确定的目标 ROI，通过联用定位暴露出目标 ROI（图 6 - 35 e）。

第四步：对目标 ROI 进行表征和后续的能谱、SIMS 分析等（图 6 - 36）。

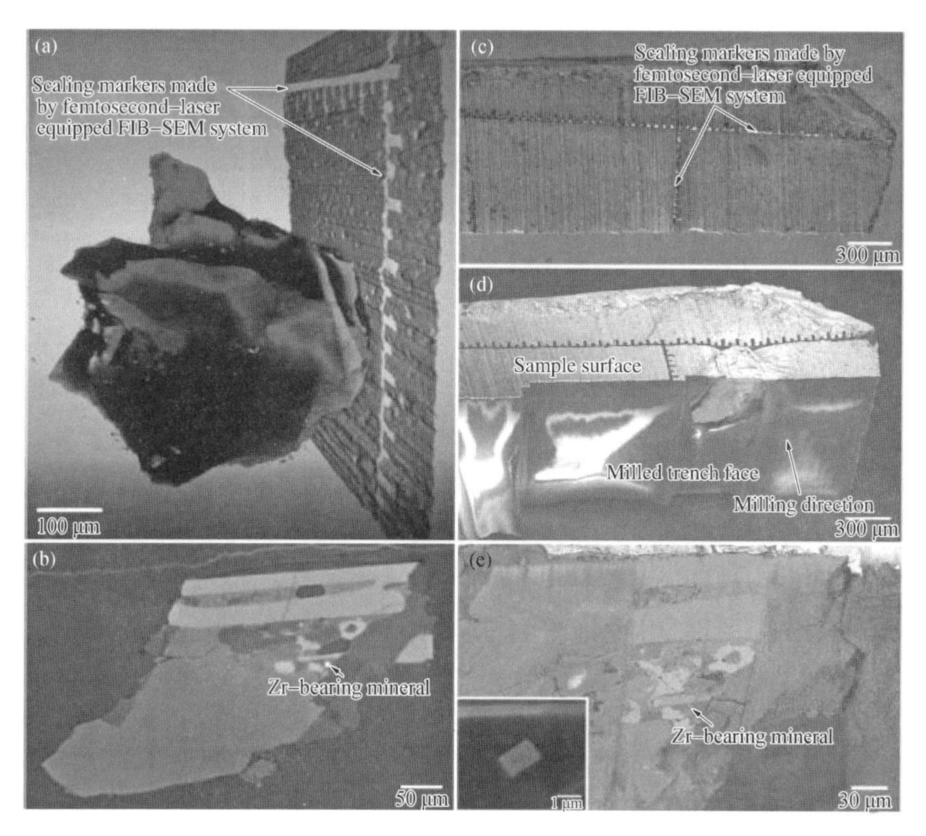

图 6 - 35　XRM、Laser 与 FIB 联用制备含锆矿物平整截面

在月壤含锆颗粒研究中，XRM、Laser 和 FIB 联用的优势特点主要表现在三点：一是 XRM 可以实现亚微米分辨率的快速无损三维检测；二是 FIB - Laser可以实现毫米尺度材料的快速、精确去除；三是三者联用，可以突破传统手段限制，实现跨尺度研究，并对样品内部深埋 ROI 进行精确定位与高质量 2D、3D 研究或进一步的样品制备。

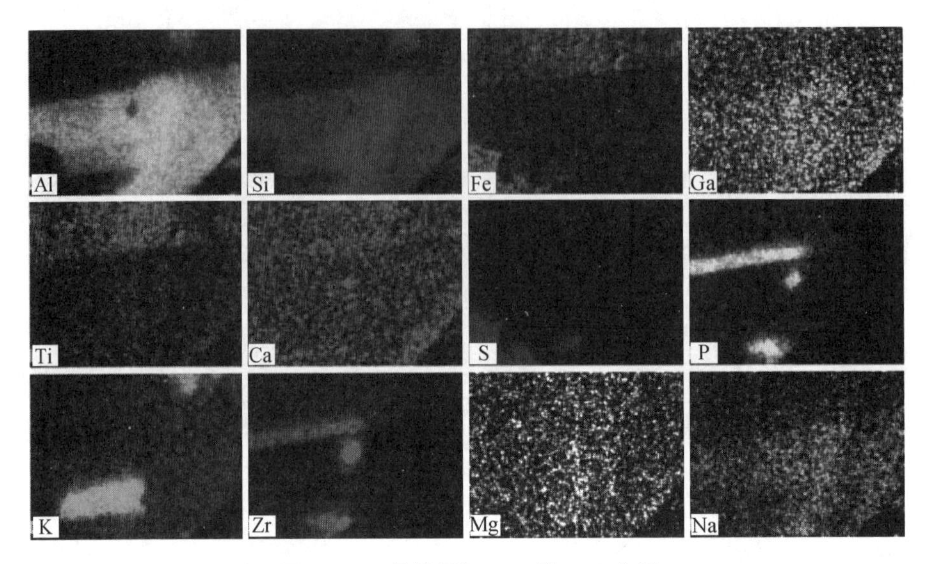

图 6-36　月壤目标 ROI 的 EDS 分析

6.5　FIB 与冷冻传输系统（Cryo）联用原理及技术特点

传统的聚焦离子束-扫描电镜（FIB-SEM）在常规材料研究与表征中被广泛应用，但对于含水样品及离子束易损伤样品的测试还具有一定的局限性。随着技术的发展，冷冻聚焦离子束-扫描电镜（Cryo-FIB-SEM）成像技术被开发出来，为研究天然含水状态下材料、生物样品以及离子束敏感样品的原始结构打开了一扇窗口，极大地扩展了 FIB-SEM 的应用范围，特别是在离子束敏感材料领域、生命科学领域研究中取得了一系列的重要成果。

Cryo-FIB-SEM 成像技术是在原有 FIB-SEM 基础上，通过在 FIB-SEM 系统集成冷冻传输系统，使样品保持在极低的温度，从而实现样品在冷冻条件下原位测试。目前主流的实现方式主要有两种，一种是基于 Leica 的分体式冷冻传输系统（图 6-37 a），镀金的导温铜带与样品台相连，另一端连接盛放液氮的杜瓦罐，液氮通过镀金铜导带冷却样品台，最低温度可达到−160 ℃；另一种是基于 Quorum 的一体式冷冻传输系统（图 6 - 37 b），Quorum 样品台上连接软管，通过在软管内通入液氮冷却的氮气，使样品台最低温度可达到−190 ℃。

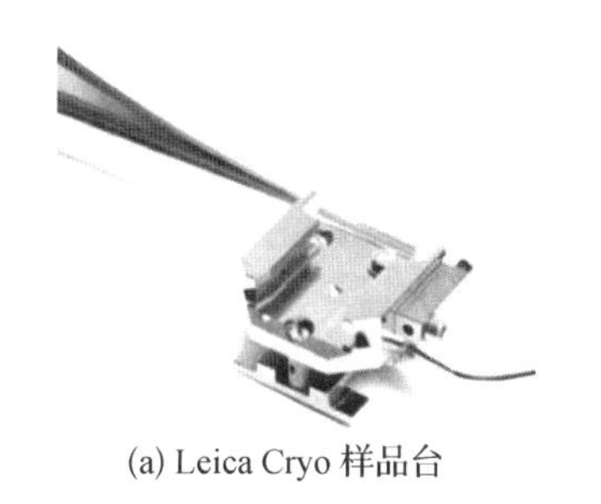

(a) Leica Cryo 样品台

(b) Quorum 样品台

图 6 - 37　主流冷冻传输系统

基于 Leica 分体式冷冻传输系统的 Cryo - FIB - SEM，主要包括冷冻制样仪、冷冻镀膜仪（可对样品进行萃断与升华）、真空冷冻样品移转杆及固定在设备上的 Cryo 样品台与杜瓦罐。主要工作流程首先将样品固定在专门的冷冻样品台上，将样品台放在盛有液氮的冷冻制样仪中进行快速冷冻，冷冻完成后通过真空冷冻样品转移杆将样品转移至冷冻镀膜仪进行镀膜，完成后通过冷冻样品转移杆将样品传送至 FIB - SEM 设备的冷台进行样品观察与切割。样品在进行急速冷冻后，整个转移过程都保持在低温真空条件下进行。

Cryo - FIB - SEM 在对离子束、电子束敏感材料、含水材料等的分析领域有重要应用。对电子束、离子束敏感材料（如高分子材料、锂电隔膜材料等）的常温 FIB - SEM 加工过程中，离子束对材料的损伤会导致材料原有结构遭到破坏；在冷冻低温条件下离子束对样品进行加工，能够减少离子束对材料的损伤，得到材料原有的形貌结构。如图 6 - 38 所示，研究者在常温与冷冻条件下分别对铜锌锡硫薄膜材料进行 TEM 样品制备，与常温条件制备 TEM 样品相比，低温条件下能够显著地降低离子束对样品的损伤，减少元素的析出，得到材料原有的结构特征。

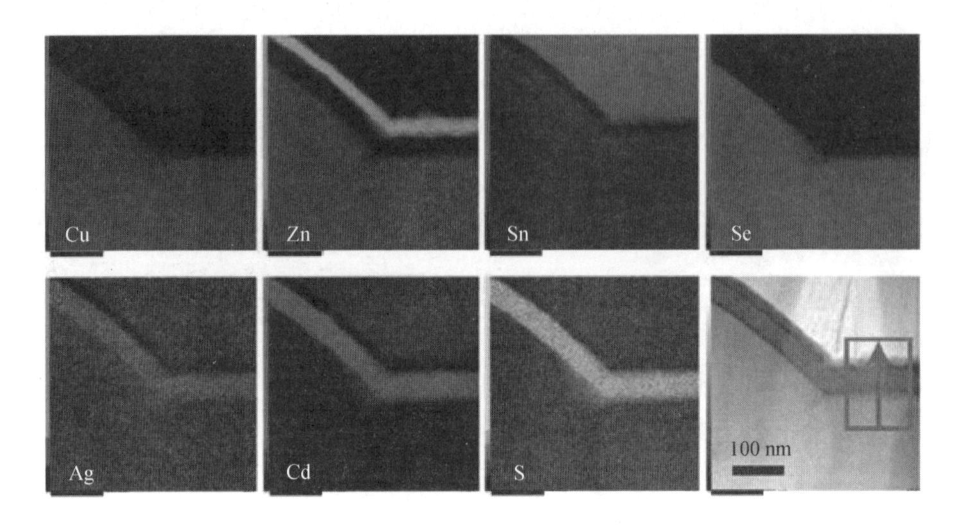

图 6-38 低温冷冻下制备铜锌锡硫薄膜样品 TEM 图像及 EDS 面扫图像

对于含水生物材料，冷冻条件下能够保持含水生物材料的原始结构，不会对生物材料结构造成破坏。对未经重金属染色的生物材料，使用 Cryo-FIB-SEM 切割后，SEM 下图像具有良好的衬度，能够观察到生物样品中原有的未被破坏的大尺度细胞内部结构。得益于 FIB-SEM 的连续切片成像，Cryo-FIB-SEM 在冷冻条件下同样可获得大尺度生物细胞三维结构，能够以立体的形态揭示含水生物材料的三维形貌，为研究者打开一扇新的大门(图 6-39)。

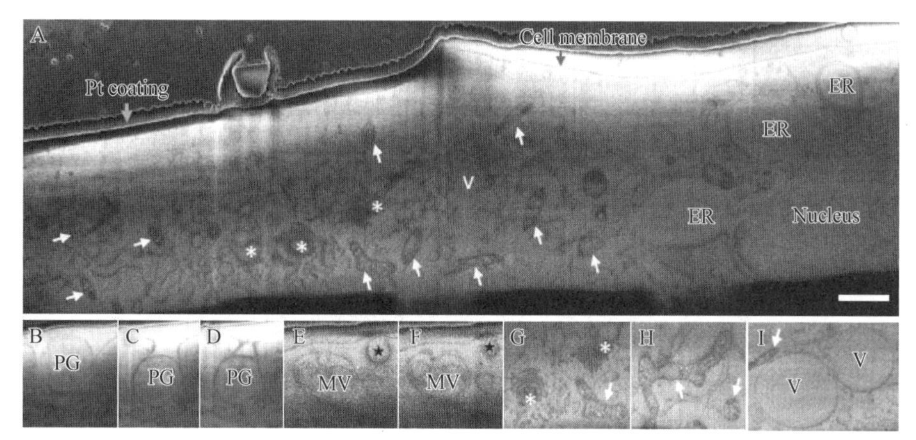

(A) 575张堆叠的维细胞连续冷冻FIB-SEM图像；(B) 对照细胞中观察到的亚细胞结构和细胞器的SEM图像，包括进入细胞的三个连续的吞噬体切片（B—D)、两个连续的内体切片（E和F，星形)、多泡体（E和F，MV)、高尔基复合体（G，星号)、管状线粒体（G和H，箭头）和液泡（I和V)

图6-39　冷冻条件下大尺度生物细胞三维结构

6.6　展望

随着聚焦离子束技术的不断发展，聚焦离子束联用技术已经从简单的材料切割加工逐渐深入到材料分析测试、芯片修复、超表面结构加工、生物技术等多个领域。特别是随着聚焦离子束与其它测试及加工设备的联用，使得原位加工和分析成为可能，为广大科研工作者进行原位分析、加工提供了极大的便利。目前，聚焦离子束系统发展主要可以分为两个方向：一是聚焦离子束系统本身分辨率及加工能力的提升，二是聚焦离子束联用及性能拓展。除了本章介绍的联用技术外，聚焦离子束和红外光谱、原子力显微镜、电学测试系统、力学操作系统的联用技术也在蓬勃发展。聚焦离子束设备的高度扩展性为聚焦离子束的广阔发展提供了坚实的基础。

参考文献

[1] 贾星，孙飞，季刚．冷冻聚焦离子束-扫描电镜成像技术研究进展 [J]. 植物学报，2022，57 (1)：24 - 29.

[2] 王涛，葛祥坤，范光，等．FIB-TOF - SIMS 联用技术在矿物学研究中的应用 [J].铀矿地质，2019，35 (4)：247 - 252.

[3] 于华杰，崔益民，王荣明．聚焦离子束系统原理、应用及进展 [J]. 电子显微学报，2008 (3)：243 - 249.

[4] B. Fultz, J. M. Howe. Transmission Electron Microscopy and Diffractometry of Materials [M]. 4th ed. Berlin: Springer, 2013.

[5] B. Tordoff, C. Hartfield, A. J. Holwell, et al. The LaserFIB: New Application Opportunities Combining a High-Performance FIB - SEM with Femtosecond Laser Processing in an Integrated Second Chamber [J]. Applied Microscopy, 2020, 50 (1): 24.

[6] D. B. Williams, C. B. Carter. Transmission Electron Microscopy: A Textbook for Materials Science [M]. Boston: Springer, 1996.

[7] J. Guyon, N. Gey, D. Goran, et al. Advancing FIB Assisted 3D EBSD Using a Static Sample Setup [J]. Ultramicroscopy, 2016, 161: 161 - 167.

[8] J. I. Goldstein, D. E. Newbury, J. R. Michael, et al. Scanning Electron Microscopy and X-Ray Microanalysis [M]. 4th ed. New York: Springer, 2018.

[9] J. Li, P. Liu, N. Menguy, et al. Intracellular Silicification by Early-branching Magnetotactic Bacteria [J]. Science Advances, 2022, 8 (19): eabn6045.

[10] J. Li, Q. Li, L. Zhao, et al. Rapid Screening of Zr-Containing Particles from Chang'e-5 Lunar Soil Samples for Isotope Geochronology: Technical Roadmap for Future Study [J]. Geoscience Frontiers, 2022, 13 (3): 101367.

[11] L. Pillatsch, F. Östlund, J. Michler. FIBSIMS: A Review of Secondary Ion Mass Spectrometry for Analytical Dual Beam Focussed Ion Beam Instruments [J]. Progress in Crystal Growth and Characterization of Materials, 2019, 65 (1): 1 - 19.

[12] M. Garum, P. Glover, P. Lorinczi, et al. Micro-and Nano-Scale Pore Structure in Gas Shale Using Xμ-CT and FIB - SEM Techniques [J]. Energy & Fuels, 2020, 34 (10): 12340 - 12353.

[13] M. J. Pfeifenberger, M. Mangang, S. Wurster, et al. The Use of Femtosecond Laser Ablation as a Novel Tool for Rapid Micro-Mechanical Sample Preparation [J]. Materials & Design, 2017, 121: 109 - 118.

[14] M. Kaestner, S. Mueller, T. Gregorich, et al. Novel Workflow for High-Resolution Imaging of Structures in Advanced 3D and Fan-Out Packages [C] //2019 China Semiconductor Technology International Conference (CSTIC), March 18 - 19, 2019, Shanghai, China. [S. l. : s. n.], 2019: 1 - 3.

[15] O. Engler, S. Zaefferer, V. Randle. Introduction to Texture Analysis: Macrotexture, Microtexture, and Orientation Mapping [M]. 3rd ed. Boca Raton: Taylor and Francis, 2023.

[16] R. Barnett, S. Mueller, S. Hiller, et al. Rapid Production of Pillar Structures on the Surface of Single Crystal CMSX-4 Superalloy by Femtosecond Laser Machining [J]. Optics and Lasers in Engineering, 2020, 127: 105941.

[17] T. Volkenandt, F. P. Willard, B. Tordoff. Save Your FIB from the Hard Work—Large-Scale Sample Prep Using a LaserFIB [J]. Microscopy and Microanalysis, 2021, 27 (S1): 18 - 19.

[18] V. Viswanathan, L. Jiao. Developments in Advanced Packaging Failure Analysis using Correlated X-Ray Microscopy and LaserFIB [C] //2021 IEEE 23rd Electronics Packaging Technology Conference (EPTC), December 7 - 9, Singapore, Singapore. [S. l. : s. n.], 2021: 80 - 84.

[19] Y. Gong, Q. Zhu, B. Li, et al. Elemental De-Mixing-Induced Epitaxial Kesterite/Cds Interface Enabling 13%-Efficiency Kesterite Solar Cells [J]. Nature Energy, 2022, 7: 966 - 977.

[20] Y. Zhu, D. Sun, A. Schertel, et al. Serial cryoFIB/SEM Reveals Cytoarchitectural Disruptions in Leigh Syndrome Patient Cells [J]. Structure, 2021, 29 (1): 81 - 87.

第七章　聚焦离子束样品前/后期处理

FIB是一种用于材料加工和制备样品的先进技术，通常在电子显微镜下进行操作，使用离子束进行样品的精确加工、刻蚀或切割，以准备样品进行后续的观察或分析。这可能包括刻蚀细节结构、制备横截面或准备样品进行透射电子显微镜（TEM）等的进一步研究。FIB加工需要在真空环境下进行，需要将样品放进真空腔室内，且由于FIB内样品台的限制，对样品大小形状有一定要求。为了满足对样品特定观察、分析和测试的要求，有时还会对FIB加工完成后的样品进行进一步的处理。

7.1　FIB样品前期处理

FIB样品前期处理是样品制备的关键步骤，目的是准备好样品以进行后续的观察、分析或加工。FIB需要选择合适的样品，通常是固体材料的小块或薄片，样品应该具有足够的导电性以允许电荷的传导，或者可以镀特殊的导电性涂层。FIB样品前期处理是确保FIB加工和分析成功的关键步骤，它要求高度的技术熟练度和谨慎。不同的应用可能需要不同的前期处理步骤，因此在进行样品前期处理之前需要仔细考虑样品的性质和所需的目标。以下是一些常见的FIB样品前期处理步骤。

7.1.1　机械切割

将样品切割成所需的大小和形状，通常使用机械切割技术。大块样品可以使用金刚石切割机进行切割。

如图 7－1，这种垂直精密金刚石线锯几乎可以切割任何类型的材料，主要用于切割和切片易碎材料，包括金属间晶体结构、多层半导体基板、精密电子组件以及使用其他切割方法会损坏的物品。样品夹在悬臂上，通过千分尺可以控制切割厚度。在运行过程中，使用装在提供的不锈钢槽中的水和切削液混合物对样品及锯片进行连续冷却和清洁。

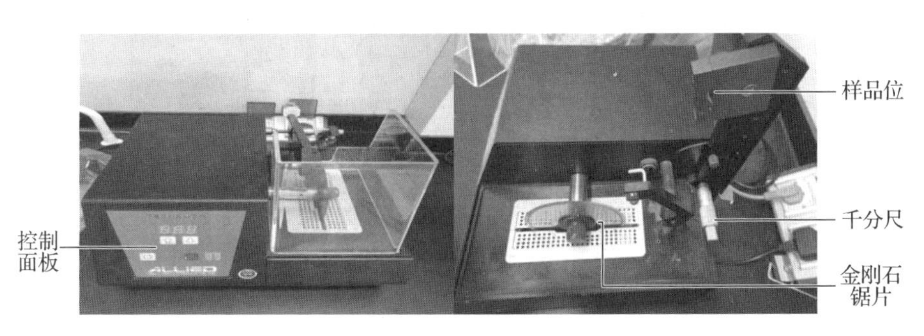

图 7－1　金刚石切割机

7.1.2　样品剪薄

当需要观察较厚样品内部情况时，如果直接使用 FIB 挖坑加工，将耗费大量时间，可以选择在样品需要观察的位置使用钉薄仪钉薄至一定厚度，然后再进行 FIB 加工操作（图 7－2）。

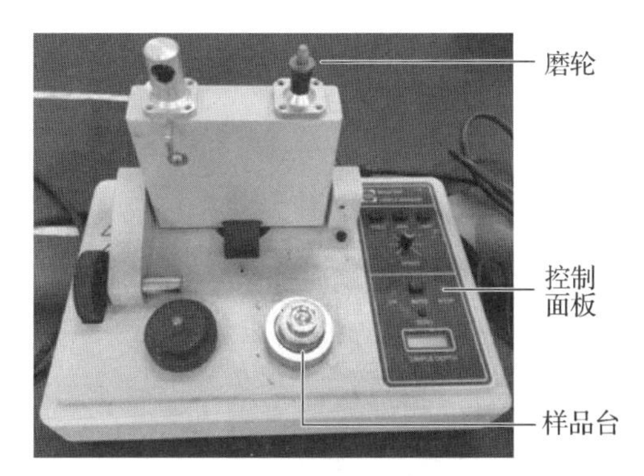

图 7－2　钉薄仪

钉薄仪可以通过不同的磨料、不同大小的磨轮将样品打磨出不同深度、厚度，可以方便后续 FIB 制样及观察。将样品固定在样品台上（通常通过石蜡固定），选择合适大小的磨轮及磨料，在加工过程中也可使用光学显微镜进行观察，即可实现样品的钉薄。

离子剪薄仪（PIPS Ⅱ，图 7-3）通过氩离子小角度入射实现对样品的剪薄，可以用来制备低损伤的 TEM 样品，也可用来对 FIB 加工样品继续剪薄以减少样品损伤及镓离子注入。

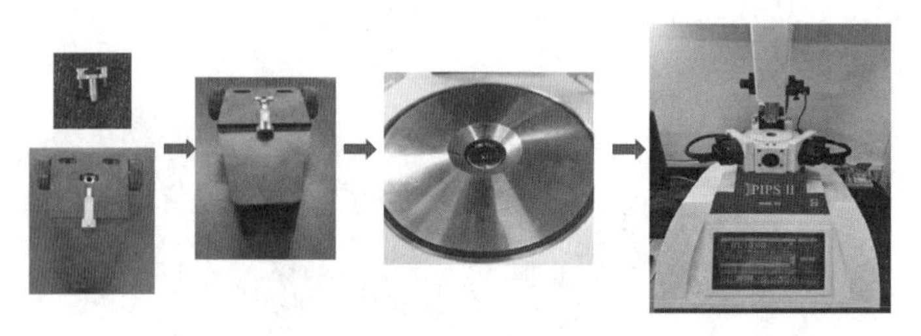

图 7-3 样品夹具及载具，离子剪薄仪（PIPS Ⅱ）

通过荧光屏调整 PIPS 样品台旋转中心，然后将合适大小及厚度的片状样品通过载具辅助固定到夹具上，放入 PIPS 腔内，设置合适的参数（电压、时间、离子枪角度），即可对样品进行剪薄处理。

7.1.3 研磨与抛光

FIB 加工样品通常需要比较光滑的表面，前期可以对样品进行研磨抛光或化学处理，以获得所需的形状和表面特性。

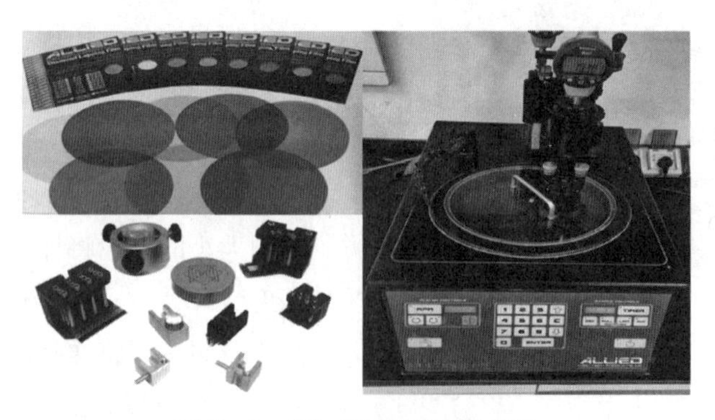

图 7-4 Allied 精密研磨抛光机

将样品固定在合适的载台上，使用精密研磨抛光机，选择合适精度的砂纸进行研磨抛光，即可获得较为光滑表面。图 7 - 4 所示为 Allied MultiPrep 研磨抛光机，研磨精度可以达到 1 μm，适用于高精度（金相、SEM、TEM、AFM 等）样品的前处理。

对于生物样品以及一些低硬度样品，可以使用超薄切片机获取光滑表面。将样品用包埋剂如环氧树脂等进行包埋处理（通过特定形状的模具可以获得所需形状），然后用夹具夹紧固定，修块露出特定位置，放到超薄切片机的机械臂上，使用玻璃刀或者金刚石刀进行切片处理，即可制备出光滑表面，此方法也可直接制备出 TEM 样品。

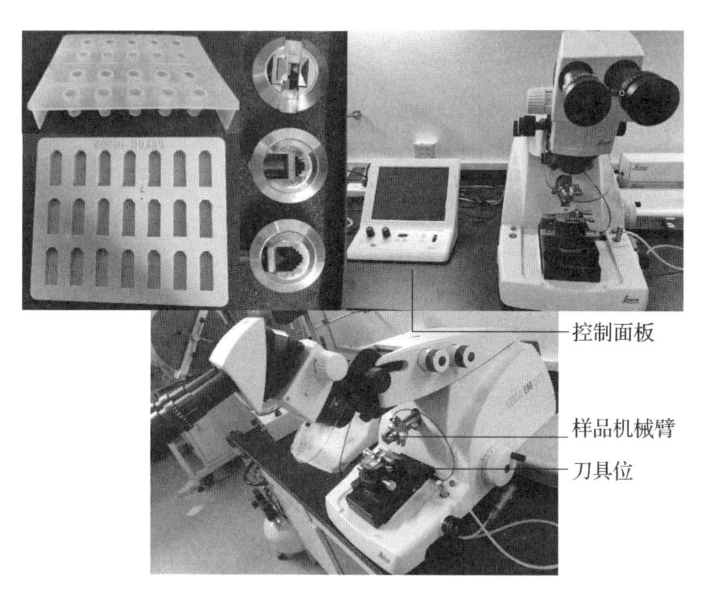

图 7 - 5　包埋模具、样品夹具和徕卡超薄切片机

离子抛光机可在真空环境下对样品表面进行精细抛光，去掉划痕、颗粒、有机污染物、应力损伤层等，能够制备出平整、洁净、保留完美晶体结构信息的样品表面（图 7 - 6）。

图 7-6　徕卡离子抛光机、样品位和三离子束

几乎任何材质样品都可通过离子抛光机获得高质量截面，它适用于处理软/硬复合、带有孔缝结构、热敏感性、脆性及非均质样品。获得的样品截面方便接下来进行扫描电子显微镜（SEM）、微区分析（EDS、XPS、EBSD等）及原子力显微镜或扫描探针显微镜（AFM、SPM）等的检测。

7.1.4　导电层及保护层制备

FIB加工通常需要样品具有一定导电性，如果样品不具备足够的导电性，在FIB加工过程中可能会导致样品表面电荷积累，从而发生图像漂移。因此，对于不导电样品通常需要在表面涂覆导电性薄层，如金或碳等，防止电荷积累，同时对于一些较为敏感样品，喷覆一层金、碳等也可以实现对样品的保护，减少离子损伤及离子注入。

1. 磁控管冷溅射仪

磁控管冷溅射仪主要用于扫描电镜样品的导电涂层及各种材料的电极制备(图 7-7)。

图 7-7　磁控管冷溅射仪

此仪器通过低电压溅射，可喷镀Au、Au/Pd、Pt/Pd等金属，也可喷涂碳导电层。喷涂膜颗粒细小且均匀致密，能实现高分辨率精细涂层。

内部样品台直径为 60 mm，靶面距

离为 40 mm，具有倾斜装置的旋转台。

2. 精密离子刻蚀镀膜仪

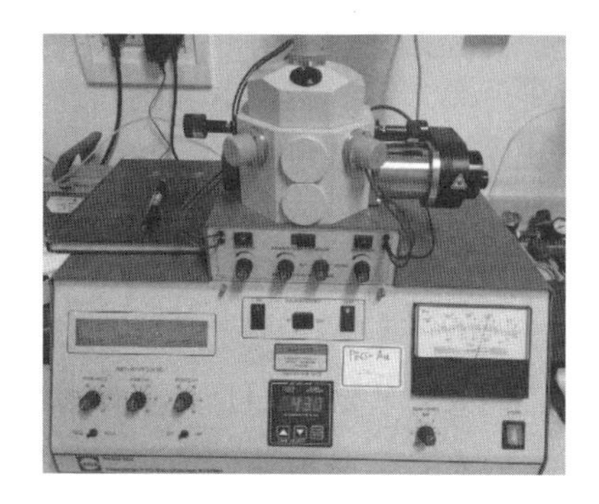

图 7-8　精密离子刻蚀镀膜仪

精密离子刻蚀镀膜仪主要用于制备高质量金属薄膜以及不导电 SEM、TEM 样品的表面导电层（图 7-8）。

该仪器可实现多种材料的镀膜，靶材可用 Au、Ag、Pt、C、Cr、SiO_2 等多种材料。该设备性能稳定，制备出的样品质量高，可观察薄区大，镀膜颗粒细小且均匀致密。

3. Leica 镀膜仪

Leica 镀膜仪是一种功能型高真空镀膜系统，可用于制备超薄、细颗粒的导电金属膜和碳膜，以适用于 FE-SEM 和 TEM 超高分辨率分析所需的镀膜要求（图 7-9）。

图 7-9　Leica 镀膜仪，样品腔及样品台

该仪器装有可配置式金属处理室，十分灵活，有广泛的应用领域，可在同一个制备过程中运行两个不同的溅射源，还可配置 EM ACE600 用于高级冷冻工作流程。

在进行 FIB 加工之前，选择合适的镀膜仪器及靶材（金、碳、铱等）在样品上制备一层特定材质的导电层或保护层，可以增强样品表面导电性，同时也可以降低 FIB 加工过程中样品的损伤。

7.2 FIB 样品后期处理

FIB 样品后期处理是在 FIB 加工完成后对样品进行的进一步处理和准备，以满足特定的观察、分析或测试需求。后期处理步骤会根据样品类型和分析目的的不同而有所不同，以下是一些常见的 FIB 样品后期处理步骤。

7.2.1 清洗和处理

完成 FIB 加工后，可能需要对样品进行清洗和处理，以去除一些残留的污染物或沉积物，或完成一些精细结构加工。可以使用超声方法、等离子体清洗、氦离子电镜等技术。

1. 超声清洗

超声清洗利用高频声波产生的机械振动去除物体表面和细微孔隙中的污垢、油脂、颗粒和其它污染物。超声清洗是一种非接触式清洗方法，不会损害物体表面，可用于清洗复杂、微小或多孔的零件和组件，需要根据不同应用选择不同类型的清洗剂。

2. 等离子体清洗

等离子体清洗是一种高级的表面清洗技术，它利用等离子体产生的高能粒子和化学反应去除物体表面的污垢、有机物、氧化物和其它不洁净物质。等离子体是由电离的气体分子和自由电子组成的高能粒子云，它们可以通过碰撞和化学反应与物体表面的污垢发生作用，将污垢分解、氧化或蒸发，使其从物体表面脱落，从而达到清洗样品的目的。

等离子体清洗能够在微观水平上清洁物体表面，去除污垢和有机物，广泛用于材料表面的处理和改性，能够改善材料性质，适用于多种应用领域，特别是在半导体工业、光学制造和医疗设备等领域中具有广泛应用。

3. 氦离子电镜

氦离子电镜（Helium Ion Microscope，HIM）是一种高分辨率显微镜，它使用氦离子束而不是传统的电子束来照射样品表面，从而实现对样品的高分辨率成像，同时也可在金属、半导体、介电质等固体材料上直接制备人工纳米结构。

与传统的扫描电子显微镜（SEM）相比，氦离子电镜具有一些显著的优势：

高分辨率：氦离子的质量较大，波长较短，因此具有比电子束更小的散射角，从而实现了更高的空间分辨率，这使得氦离子电镜能够观察到样品表面的微观结构和纳米级细节。

表面灵敏度：与电子束不同，氦离子束与样品表面的相互作用不会引起电荷积累或电荷散射，因此对绝缘体和导电体样品都具有良好的表面灵敏度。这意味着不需要样品涂层，氦离子电镜可以获得高质量的图像。

三维成像：氦离子电镜还可以用于获得三维样品表面的图像，因为它可以执行倾斜视图扫描，并生成具有高度信息的三维重建图。

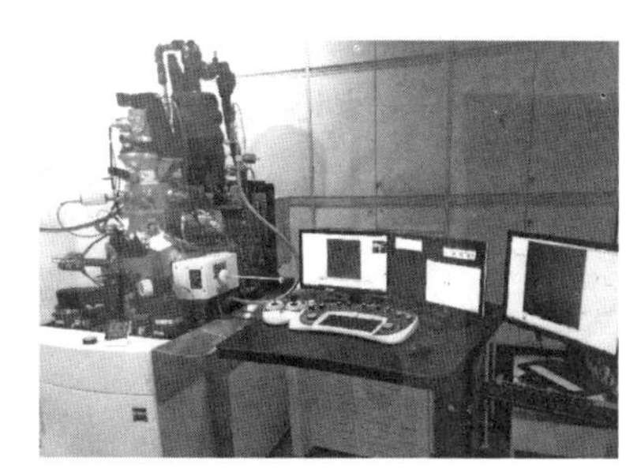

图 7-10　德国 Zeiss 氦离子电镜

低损伤成像：与高能电子束相比，氦离子束对样品的损伤较小，因此适用于生物样品和敏感材料的成像。

图 7-10 为 Zeiss 氦离子电镜，使用气体场发射离子源，加速电压 25 kV—35 kV，离子束流 0.1 pA—100 pA，分辨率可达 0.5 nm，最小线宽可达 5 nm，可对样品表面进行超高分辨率观测。

7.2.2　观察与分析

FIB 加工制备好的样品，可以通过电子显微镜或其他相关技术来观察和分析样品，以获得所需的信息。

1. 二次离子质谱分析

二次离子质谱分析（SIMS）是一种高灵敏度的表面分析技术，可以获得样品中元素的深层分布信息，多用于研究材料的成分、化学构成、同位素分布和材料表面的微观结构。SIMS 通过照射样品表面并测量生成的次级离子来实现上述目的。在分析过程中，样品表面暴露在离子束（通常是氖离子或氙离子）下，离子束与样品相互作用，导致样品表面的原子和分子被轰击并产生次级离子。生成的次级离子根据其质量/电荷比（m/z）被分析和检测。

SIMS 通常具有高分辨率和高质量的分析能力，可以检测各种元素和同位素，广泛应用于材料研究，包括半导体制造、涂层分析、薄膜分析和材料界面研究等。SIMS 具有出色的质谱分辨率，能够分辨不同的同位素和化学元素，且对微量元素非常敏感，能够检测到低至百万分之一的浓度。

通过 SIMS，我们能够深入了解样品表面的成分和结构，同时与 FIB 技术结合，可以对样品截面同位素和化学元素分布进行分析，从而获取样品特定位置元素的深度分布信息。

2. 扫描电子显微镜

扫描电子显微镜（SEM）可以用于获取样品高分辨率图像，研究其表面及截面结构和组成，与能谱分析（EDS）结合可以分析样品中的化学元素组成及分布。

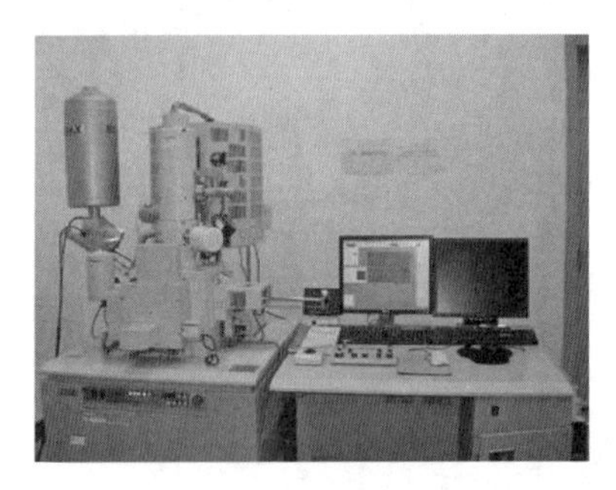

图 7－11　扫描电子显微镜（SEM）

SEM 的电子枪产生高能电子束，电子束经过一系列的透镜和电磁场聚焦器被聚焦到非常小的直径，然后精确地在样品表面扫描。当电子束照射到样品表面时，它与样品中的原子和电子相互作用，发射出的次级电子被检测并转换成图像。SEM 与 EDS 结合，通过收集检测由电子束与样品原子的相互作用产生的后向散射电子，可以获得有关样品成分的信息。

SEM 广泛用于多个领域的微观结构分析和表面观察，可以提供对样品表面和微观特征高分辨率、高对比度的图像，通过观察样品微观结构和EDS还可以提供有关样品成分的化学信息。

3. 透射电子显微镜

透射电子显微镜（TEM）可以直接观察样品截面及界面的元素组成与晶体结构，同时利用电子能量损失谱（EELS）可以获取样品元素分布及元素价态等信息。

图7-12　透射电子显微镜（TF20）

TEM样品需要制备成非常薄的截面，通常在几纳米到几百纳米的范围内，以确保电子束可以透过样品并生成高质量的透射电子图像，以提供晶体样品的高分辨率显微结构信息。TEM具有超高的分辨率，可以观察到纳米尺度下的微观结构和细节；通过EDS、EELS等，TEM可以提供关于样品的元素分布、化学成分及元素价态信息。

图7-13为球差校正透射电子显微镜（Titan Cubed G2 60—300），最高分辨率可达0.6 Å。

图7-13　球差校正透射电子显微镜（Titan）

将制备好的样品放到样品杆上，插入电镜中即可进行观察分析。通过一些特定功能的样品杆，可以研究在力、热、光、电等复合外场下材料的功能特性或相结构的复杂衍化及生长行为，还可以通过液体池芯片深入研究液体中材料特定行为的内在机理。同时，结合配备的高分辨率超快相机如Gatan OneView LD Cameras、K2、K3等，可实时观察记录样品发生的微观变化，深入研究微观世界变化机理。

透射电子显微镜是一种强大的工具，可用于分析晶体材料中的缺陷、位错和晶格畸变，观察生物样品的细胞结构、蛋白质和细胞器以了解细胞的内部组织等，在许多科学领域中都有广泛的应用。

7.2.3 材料测试

在器件样品加工完成后，对样品进行机械测试、电学测试或其他性能测试是在科学研究、工程应用和质量控制中常见的实验步骤。这些测试旨在研究其性能和行为，评估材料、器件或系统的性能、可靠性和适用性。

机械测试：对材料或构件的物理性能进行评估，例如拉伸测试、硬度测试、疲劳测试等。

电学测试：对电子器件、电路或材料的电性能进行评估，例如电阻测试、电流-电压特性测试、频率响应测试等。

其他性能测试：除了机械和电学测试外，还有许多其他性能测试，根据具体应用领域的不同有所变化，例如光学性能测试、化学性能测试、环境性能测试、热性能测试等。

这些测试方法有助于确保材料、器件和系统的性能符合预期要求，并为改进设计和生产提供数据依据。

后期处理步骤的具体选择取决于样品的性质、分析目标以及可用的设备和资源。通常，后期处理是为了最大程度地利用 FIB 加工样品，以获得所需的信息或性能。每个后期处理步骤都有其特定的目的和技术要求，取决于研究的具体需求。

附录一　聚焦离子束基本操作

1. 电镜样品的前处理

一般来说，放入电镜中观察的样品不宜过大，因为除了某些特殊型号的电镜可以无损观察八寸以上的整晶圆外，标准样品台的直径大小一般是32 mm甚至更小。对于整晶圆样品，一般会将晶圆沿着划片槽（scribe line）进行裂片处理，得到适当大小的芯片（die）后，再放入电镜中观察。

芯片样品推荐使用塑料头的防静电镊子夹取和转移（附录图 1 a，金属镊子可能会损坏芯片），再通过双面的铜胶带，将芯片直接粘在铝制样品台上（附录图 1 a）。使用双面铜胶带而非碳胶带的原因是铜胶带黏性更小，方便测试完成后将芯片从样品台上取下来而不破坏 die 的完整性。

一般芯片样品为了增强其表面的导电性，还需要用液体导电银胶做接地处理，即用液体银胶将芯片样品表面和样品台表面连接起来（附录图1 b）。另外，如果样品的导电性很差，还需要对其进行表面喷金处理。不同厂家生产的喷金仪使用参数有所区别，一般一次喷金的时间为 30—60 s，得到的金层厚度为 3—5 nm。按照上述步骤将芯片样品处理完成然后放入电镜的样品台进行后续的切割和观察。使用完毕的芯片样品，应用防静电镊子小心地从样品台上取下，再放回自吸附盒（附录图 1 b）或者表面皿（用双面胶固定芯片）中保存。

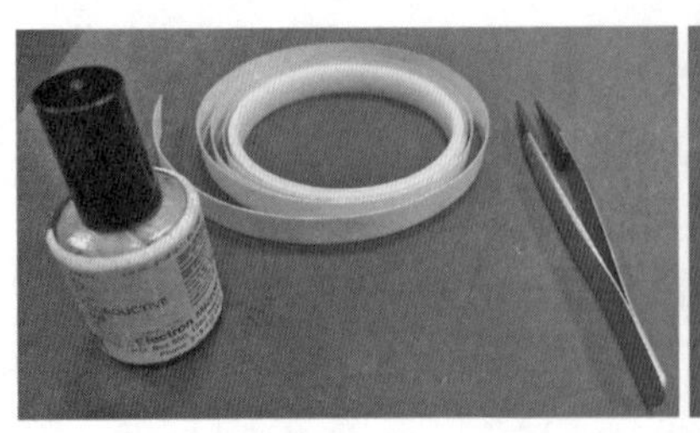

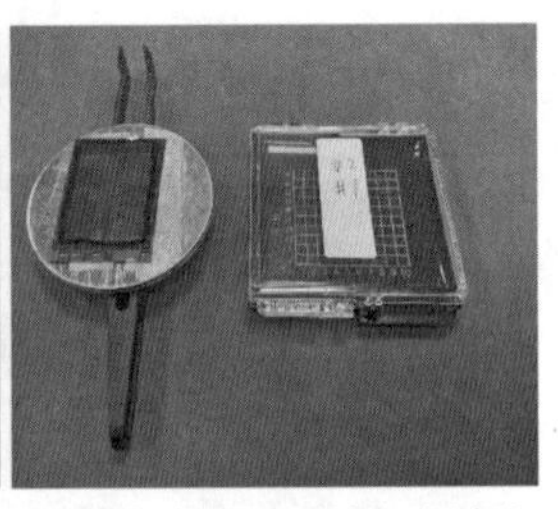

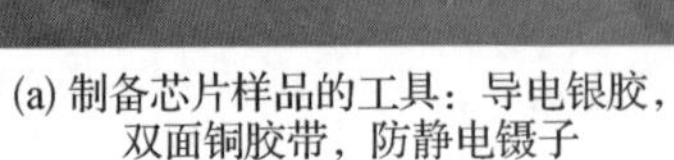

(a) 制备芯片样品的工具：导电银胶，双面铜胶带，防静电镊子　　(b) 制备完成后可放入电镜中的芯片样品和存储用自吸附盒

附录图 1　电镜样品的前处理

2. 双束电镜的基本操作

以 ThermoFisher Scientific 的 Helios 系列双束电镜的操作为例，介绍双束电镜从进样开始，到确定电子束/离子束共焦点的基本操作。

进样：在双束电镜的用户界面（UI）上点击“Vent”（附录图 2 a），给

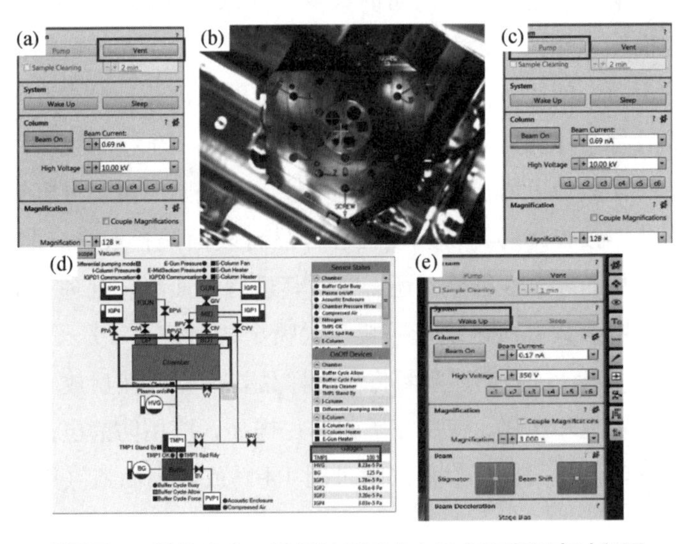

附录图 2　抽放真空、进样以及开启电子束和离子束过程图

样品仓放气。放气完成后拉开舱门，将制备好的样品装载到电镜的样品台上（附录图 2 b，本案例采用 ThermoFisher 提供的双束电镜标准样品），放入样品后关上舱门点击“Pump”抽真空（附录图 2 c）。等到“Chamber”显示为绿色（非橙色），“TMP1”值显示为 100%（附录图 2 d），点击“Wake up”同时开启电子束和离子束（附录图 2 e）。

找共焦点：首先，键盘同时按住“ctrl”“shift”“z”拍摄导航相机图，快速定位样品表面感兴趣点，然后将电子束和离子束的 Beam Shift 都归零（附录图 3 a）。在样品表面找到兴趣点后，双击鼠标左键将其移至视野中心（十字处），聚焦样品表面，点击“link WD to Z”（附录图 3 b）。接下来将样品台升至 Eucentric Height（Helios 机台为 4 mm）处（附录图3 c），之后再次聚焦样品表面（工作距离 Z 值始终为 4 mm）。双击一个容易识别的参考点

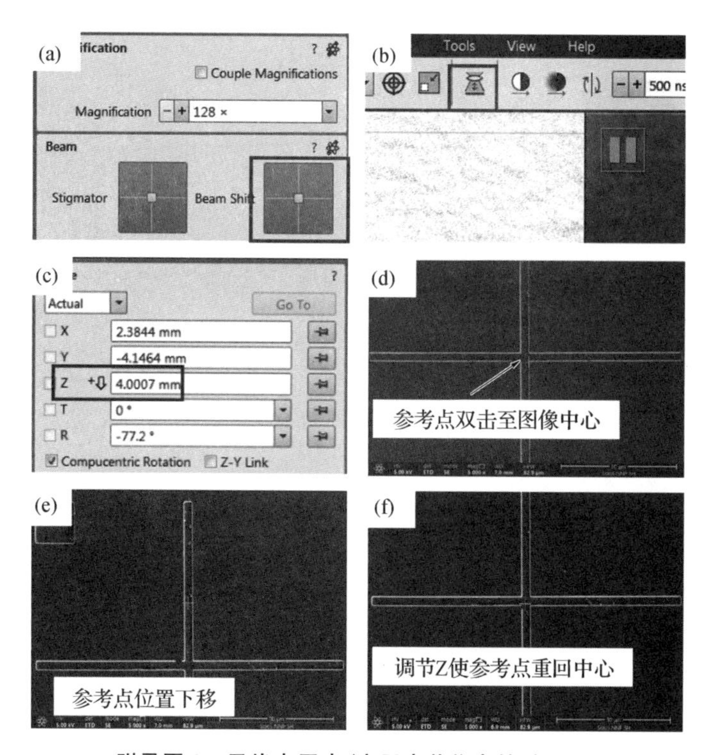

附录图 3　寻找电子束/离子束共焦点的过程图

(附录图 3 d，箭头所指十字 pattern 的交叉点)，将其移至电子束图像中心处。保持 SEM 窗口实时成像，旋转 T 轴至 5°，此过程中能实时看到参考点位置上移或者下移（附录图 3 e）；通过在 CCD 窗口中按住鼠标中键往上或下拖动，调整样品台 Z 的高度，将参考点再次调至图像中心（附录图 3 f）；保持 SEM 窗口实时成像，将 T 轴转至 52°，观察参考点的位置变化过程，若基本保持在图像中心，则 Eucentric Height 已找好，否则再次调整 Z 的高度，将参考点调回图像中心。找到共焦点后，T 轴转回 0°的过程，参考点图像位置应基本不变。

附录二　SRIM/TRIM 模拟计算高能离子束入射后离子运动轨迹

1. 软件原理

SRIM/TRIM 是一款专门用于研究离子注入及其材料损伤的模拟软件，其原理是采用蒙特卡罗模拟方法（M-C 方法）通过计算机模拟跟踪一大批入射粒子的运动，粒子的位置、能量损失以及次级粒子的各种参数都在整个跟踪过程中存储下来，最后得到各种所需物理量的期望值和相应的统计误差。在 M-C 方法计算过程中采用连续慢化假设，即入射离子与材料靶原子核的碰撞采用两体碰撞描述，这一部分主要会导致入射离子运动轨迹的曲折，能量损失来自弹性能量损失部分，而在两次两体碰撞之间认为入射离子与材料中的电子作用连续均匀地损失能量，当入射为重离子时可认为在这期间入射离子做直线运动，能量损失来自非弹性能量损失部分。两次两体碰撞之间的距离以及碰撞后的参数通过随机抽样得到。

2. 软件模拟的基本过程

（1）选择模拟计算的损伤模型，如附录图 4 中方框位置，下拉菜单选择损伤类型；（2）设置目标靶材的层数及厚度；（3）选择每层材料对应的材料种类；（4）选择离子源的元素种类；（5）对以上的参数选择保存并运行。参数设置如附录图 4 所示。

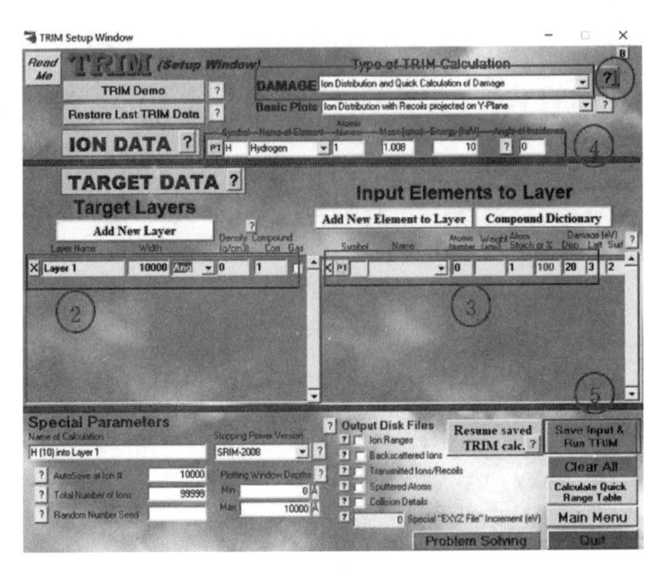

附录图 4　TRIM 软件的基本框架结构及相对应的参数设置

3. 软件模拟仿真计算过程

在 TRIM 操作界面上对基本参数选择设定完成后，进行离子束入射材料后离子的运动轨迹的模拟仿真，具体的运行界面如附录图 5 所示，其中包含菜单栏、操作区域、执行区域和具体执行参数。菜单区域可对模拟计算过程进行暂停，具有开始及启动参数修改等功能；操作区域可以对入射离子的种类、能量、倾斜角度及输出类型等内容进行调整；执行区域显示仿真模拟结果，可对仿真模拟结果进行输入和打印操作；具体参数区域反映模拟计算结果特征参数的数值。

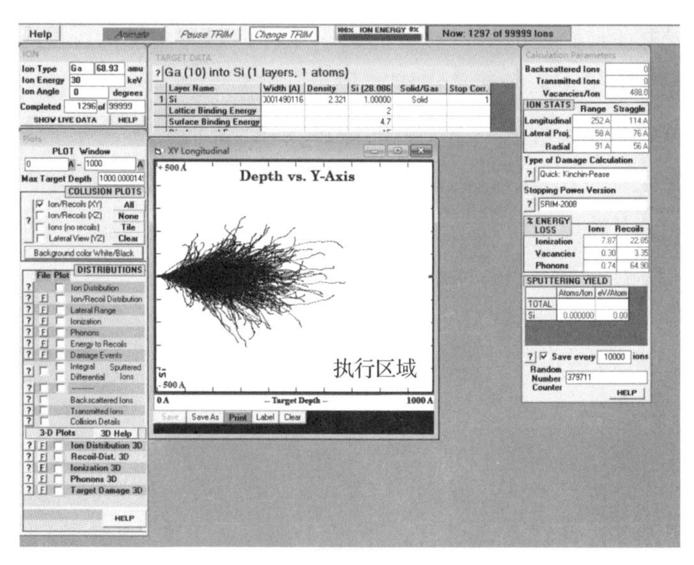

附录图 5　SRIM 运行界面的基本布局

4. 利用 TRIM 和 SRIM 软件模拟计算离子运动轨迹

通常在进行聚焦离子束加工的过程中，会对目标靶材进行喷金处理，而金层的厚度对离子束的溅射加工能力有很大的影响，因此需要研究不同金层

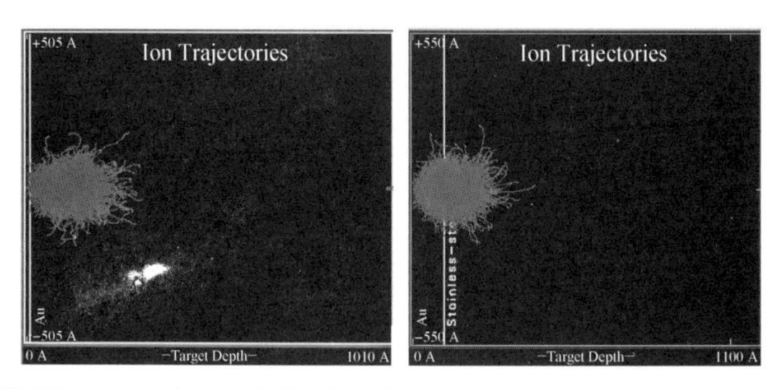

附录图 6　不同金层厚度对入射镓离子在不锈钢材料中运动轨迹的影响

厚度对离子束在材料内的运动轨迹的影响规律。设置金层的厚度分别为 1 nm 和10 nm,聚焦离子束离子源选取镓离子源，能量为 30 keV，靶材材料为不锈钢材料。如附录图 6 所示，当喷金的厚度为 1 nm 时，镓离子入射后在材料中的运动没有受到太大的影响；当喷金层厚度增加至 10 nm 后，可清楚看到镓离子在金层内的运动轨迹呈水滴状，入射镓离子的能量损失很明显，即对不锈钢材料层的加工效果有明显的影响。

附录三　Geant4 模拟概述

眼睛能够看到物体图像，是因为光子与物体表面的原子相撞反弹到眼睛中，大脑处理光子携带的信息形成图像。电镜也是同样的原理，采用不同的粒子源轰击样品表面，然后根据探测器收集到的反射粒子信息，形成各种图像。粒子与样品表面相撞会对样品表面造成损伤，有时候这种损伤是有用的，例如可以采用能量大、质量重的离子轰击样品表面，以达到切割的目的；有时候这种损伤是有害的，例如电镜观察样品时，过高能量的电子会破坏样品表面的原子点阵，观察一次就需要另换一个区域再观察。因此，搞清楚粒子对样品表面的损伤程度、路径等信息是非常必要的。Geant4 是一款非常优秀的模拟粒子与物质反应的软件，能够得到每个粒子在物质内部的轨迹、剩余能量，以及是否产生次级粒子等信息，本附录将对 Geant4 软件如何模拟进行简要说明。

1. Geant4 模拟原理

Geant4 采用 C++语言编写，以蒙特卡罗方法为基础进行模拟，用户可以自由设置粒子的种类、能量、数量，粒子源的位置、发射粒子的方向，材料的种类、形状、位置及其他初始信息。假如用户设置粒子数量为 N 个，其第 n 个粒子模拟流程如下图所示（$n=1$，2，3，…，N）。

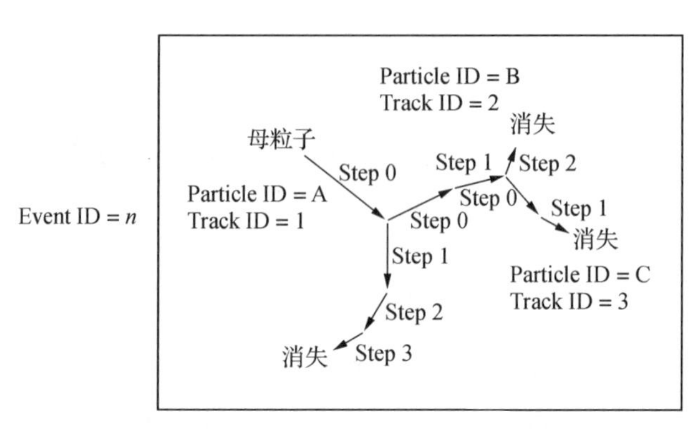

附录图 7　模拟粒子在物质中的轨迹示意图

一次粒子模拟过程称为一个事件“Event”，Geant4 按照用户设置的粒子源初始信息依次模拟，一次模拟一个粒子，即示意图中的母粒子。粒子入射到样品内部会发生碰撞，碰撞后粒子轨迹会发生改变，Step 值随之改变，直到粒子能量由于碰撞降低为零，消失在物质内部或者反射穿出物质表面，该粒子的模拟才结束，程序自动开始下一个粒子的模拟。碰撞可能会产生次级粒子，次级粒子会获得新的 Track ID，而后开始模拟该次级粒子的轨迹，直到消失或反弹而出。示意图中 Particle ID 代表粒子类型，其他信息如当前粒子能量、位置都可以在程序中选择输出。

2. Geant4 模拟程序简介

Geant4 采用 C++语言编写，需要用 CMAKE 软件配置环境，为方便，可能需要 CMAKE 配置调用其他软件如 Qt 和 Visual Studio 软件等，分别承担可视化和编写源代码的任务（Qt 和 Visual Studio 不是必需的，其他软件可以代替，甚至不配置类似软件 Geant4 亦可以运行，但交互性差，难以对程序进行开发、编写）。

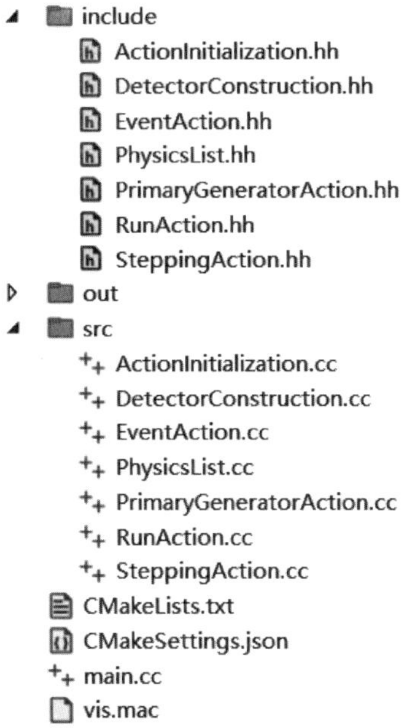

- include
  - ActionInitialization.hh
  - DetectorConstruction.hh
  - EventAction.hh
  - PhysicsList.hh
  - PrimaryGeneratorAction.hh
  - RunAction.hh
  - SteppingAction.hh
- out
- src
  - ActionInitialization.cc
  - DetectorConstruction.cc
  - EventAction.cc
  - PhysicsList.cc
  - PrimaryGeneratorAction.cc
  - RunAction.cc
  - SteppingAction.cc
- CMakeLists.txt
- CMakeSettings.json
- main.cc
- vis.mac

附录图 8　Geant4 源程序函数展示

在程序开发中，使用不同的函数完成不同的模块功能，最后使用一个主函数将上述函数串联起来。统一调用不同的函数来实现需求这一思路由于代码重复少、可读性好、开发难度小等优势为人们所推崇，例如 C/C++语言有 main 函数，程序会首先执行 main 函数里面的命令，当 main 函数需要调用外部函数时，才会调用相应函数；执行完后返回 main 函数原位置，继续执行未完成的代码，直到结束。具体 Geant4 函数如附录图 8 所示，各个函数具体功能如下：

- main. cc：main 函数代码，主要为调用其他函数的接口信息。
- vis. mac：可视化模块，主要用来控制三维可视化图形线条颜色、粗细等。
- CMakeLists. txt、CMakeSettings. json：配置环境等参数。
- DetectorConstruction. cc、DetectorConstruction. hh：负责控制材料的种类、形状、位置。

- PhysicsList. cc、PhysicsList. hh：规定每次碰撞时遵循哪几种物理函数。
- PrimaryGeneratorAction. cc、PrimaryGeneratorAction. hh：规定粒子的种类、能量、数量，粒子源的位置、发射粒子的方向等关键参数。
- ActionInitialization. cc、ActionInitialization. hh：负责初始化粒子源并调用 RunAction、EventAction、SteppingAction 函数。
- RunAction. cc、RunAction. hh：负责控制每一个 Run 的运行以及输出信息。Geant4 的一次模拟称为一个“Run”，代表程序从第一个粒子 Event 开始，到最后一个粒子 Event 结束，并记录整个模拟的总结果。
- EventAction. cc、EventAction. hh：负责控制每一个 Event 的运行以及输出信息。
- SteppingAction. cc、SteppingAction. hh：负责控制每一个 Step 的运行以及输出信息。
- Out：该文件夹存放各种输出数据。

3. 实例

在这里，我们举一个基础的例子：材料为边长 10 mm 的 Si 立方体，以+3 价 Ga 粒子为入射粒子，以立方体中心为入射位置，朝一侧轰击，入射粒子密度为 10^7 p/cm^2，采用 MATLAB 和 Origin 等绘图软件处理模拟数据并进行绘图，不同视角的模拟轨迹如附录图 9 所示。

Geant4 模拟展示的三维图无法显示更多的细节，具体数据处理和高水平、多信息绘图需要用到 MATLAB 或 Origin 等绘图软件。

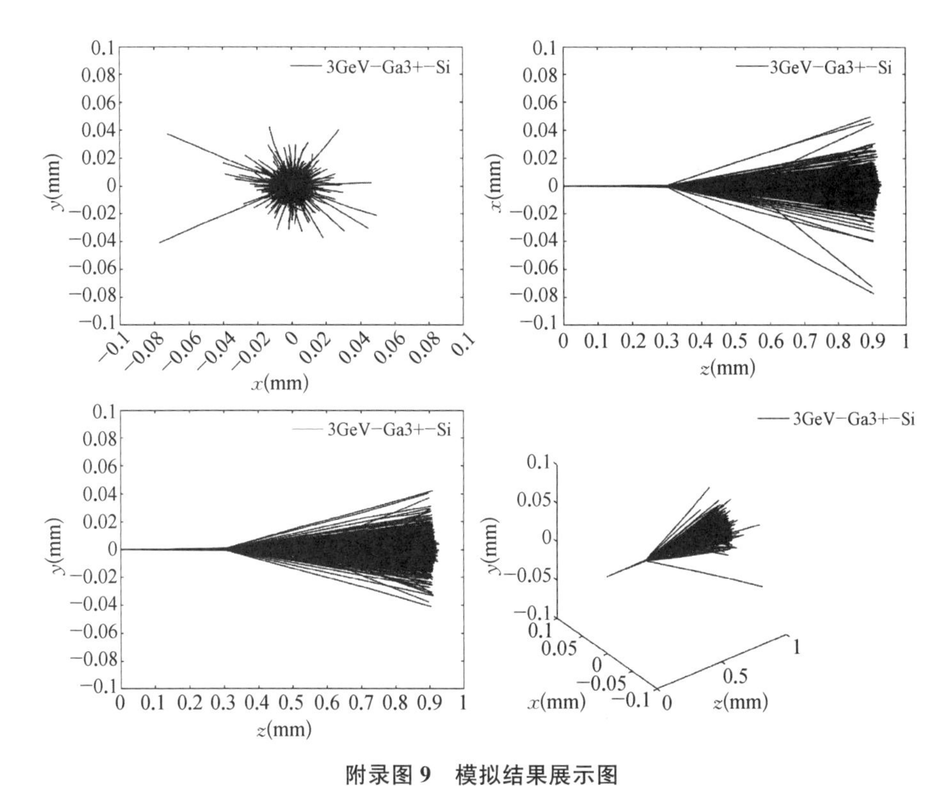

附录图 9　模拟结果展示图

参考文献

[1] J. Allison, K. Amako, J. Apostolakis, et al. Geant4 Developments and Applications [J]. IEEE Transactions on Nuclear Science, 2006, 53 (1): 270-278.

[2] J. Allison, K. Amako, J. Apostolakis, et al. Recent Developments in GEANT4 [J]. Nuclear Instruments and Methods in Physics Research Section A: Accelerators, Spectrometers, Detectors and Associated Equipment, 2016, 835: 186-225.

[3] S. Agostinelli, J. Allison, K. Amako, et al. Geant4—A Simulation Toolkit [J]. Nuclear Instruments and Methods in Physics Research Section A: Accelerators, Spectrometers, Detectors and Associated Equipment, 2003, 506 (3): 250-303.